2016年 全国高等美术院校 建筑与设计专业 优秀毕业设计集

13

2016 Graduation Design Collection of Architecture & Design in National Fine Arts Academies

第十三届全国高等美术院校 建筑与设计专业教学年会

山东工艺美术学院建筑与景观设计学院 编

中国建筑工业出版社

图书在版编目（CIP）数据

2016年全国高等美术院校建筑与设计专业优秀毕业设计集 / 山东工艺美术学院建筑与景观设计学院编 .– 北京：中国建筑工业出版社，2017.4
ISBN 978-7-112-20683-4

Ⅰ. ① 2016… Ⅱ. ①山… Ⅲ. ①建筑设计 – 作品集 – 中国 – 现代 Ⅳ. ① TU206

中国版本图书馆 CIP 数据核字（2017）第 082916 号

本书是配合第十三届全国美术院校建筑与设计专业教学年会出版的教学成果图书，全国美术院校建筑与设计专业教学年会，起初是美术院校的专业教学交流平台，逐渐成为全国美术院校建筑与设计专业教学的一项重要学术活动，产生的学术影响越来越大，第十三届参会院校30余所，各所大学所处地域环境、自身优势不同，都呈现出不同的办学特色。书中涵盖全国美术院校建筑与设计专业推荐的众多优秀作品，充分展示了全国高等院校建筑与设计专业的教学成果，值得建筑设计、环艺等相关专业互相交流学习。

责任编辑：唐　旭　李东禧　陈仁杰
书籍设计：刘　付
版式设计：高　洋
责任校对：王宇枢　焦　乐

2016年全国高等美术院校建筑与设计专业优秀毕业设计集
山东工艺美术学院建筑与景观设计学院 编
*
中国建筑工业出版社出版、发行（北京海淀三里河路9号）
各地新华书店、建筑书店经销
北京方嘉彩色印刷有限责任公司印刷
*
开本：889 × 1194 毫米　1/20　印张：10⅘　字数：240 千字
2017 年 6 月第一版　2017 年 6 月第一次印刷
定价：118.00 元
ISBN 978-7-112-20683-4
（30304）

2016年
全国高等美术院校
建筑与设计专业
优秀毕业设计集

四川美术学院
清华大学美术学院
广州美术学院
湖北美术学院
中央美术学院
中国美术学院
鲁迅美术学院
西安美术学院
天津美术学院
山东工艺美术学院
南京艺术学院
云南艺术学院
中原工学院
青岛理工大学
山东建筑大学
浙江师范大学
济宁学院
山东理工大学
济南大学泉城学院
齐鲁工业大学
山东英才学院
上海大学美术学院
东华大学
深圳大学
山东大学（威海）
中国石油大学胜利学院

编委会

EDITORIAL BOARD

前言

PREFACE

全国美术院校建筑与设计专业教学年会，起初是源自于美术院校的专业教学交流平台，已举办了十二届，产生的学术影响越来越大，逐渐成为全国美术院校建筑与设计专业教学的一项重要学术活动。本届参会院校 30 余所。各所大学所处地域环境、自身优势不同，都呈现出不同的办学特色，值得我们相互交流学习。让我们共商教育教学大计，交流教育教学思想，探讨教育教学策略，完成美术院校建筑与设计专业历史使命，勇于创新与实践。

参加本次年会的院校有：中央美术学院、中国美术学院、清华大学美术学院、天津美术学院、鲁迅美术学院、湖北美术学院、西安美术学院、四川美术学院、广州美术学院、上海大学美术学院、山东工艺美术学院、山东艺术学院、云南艺术学院、山东大学、深圳大学、山东师范大学、四川师范大学、曲阜师范大学、山东建筑大学、齐鲁工业大学、济南大学、青岛大学、青岛理工大学、浙江理工大学、安徽工程大学、临沂大学、山东交通学院、中原工学院、中国石油大学胜利学院、巢湖学院、潍坊学院、济宁学院、广州科技职业技术学院，还有来自北海道大学、九州大学的嘉宾。

《2016 年全国高等美术院校建筑与设计专业优秀毕业设计集》刊登的是由各校推荐的代表性作品，充分展示了我国高等院校建筑与设计专业优秀的教学成果。

山东工艺美术学院建筑与景观设计学院 邵力民

2016 年 11 月 1 日

目录

CONTENTS

异相相生——黄桷垭旧城更新手法探寻

作　者　何强　江超

指导老师　黄耘　王平妤

设计说明

街区的封闭方式，让其与公共空间进行穿插，让内外形成对立且统一的整体，融而不同。

在具体的方案设计上结合场地关系，以『上下』的解题手法塑造了层次丰富的上下空间。消除室内外的边界，让内外相融，异相相生。

四川美术学院
建筑艺术系

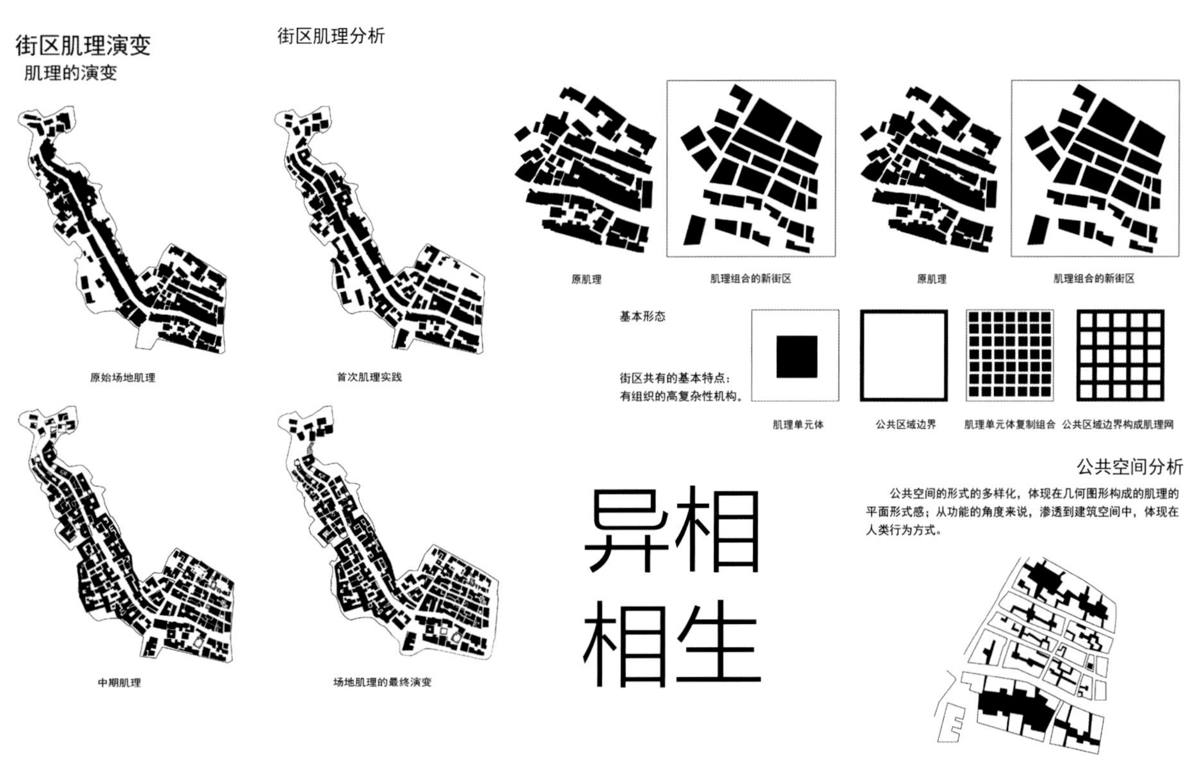

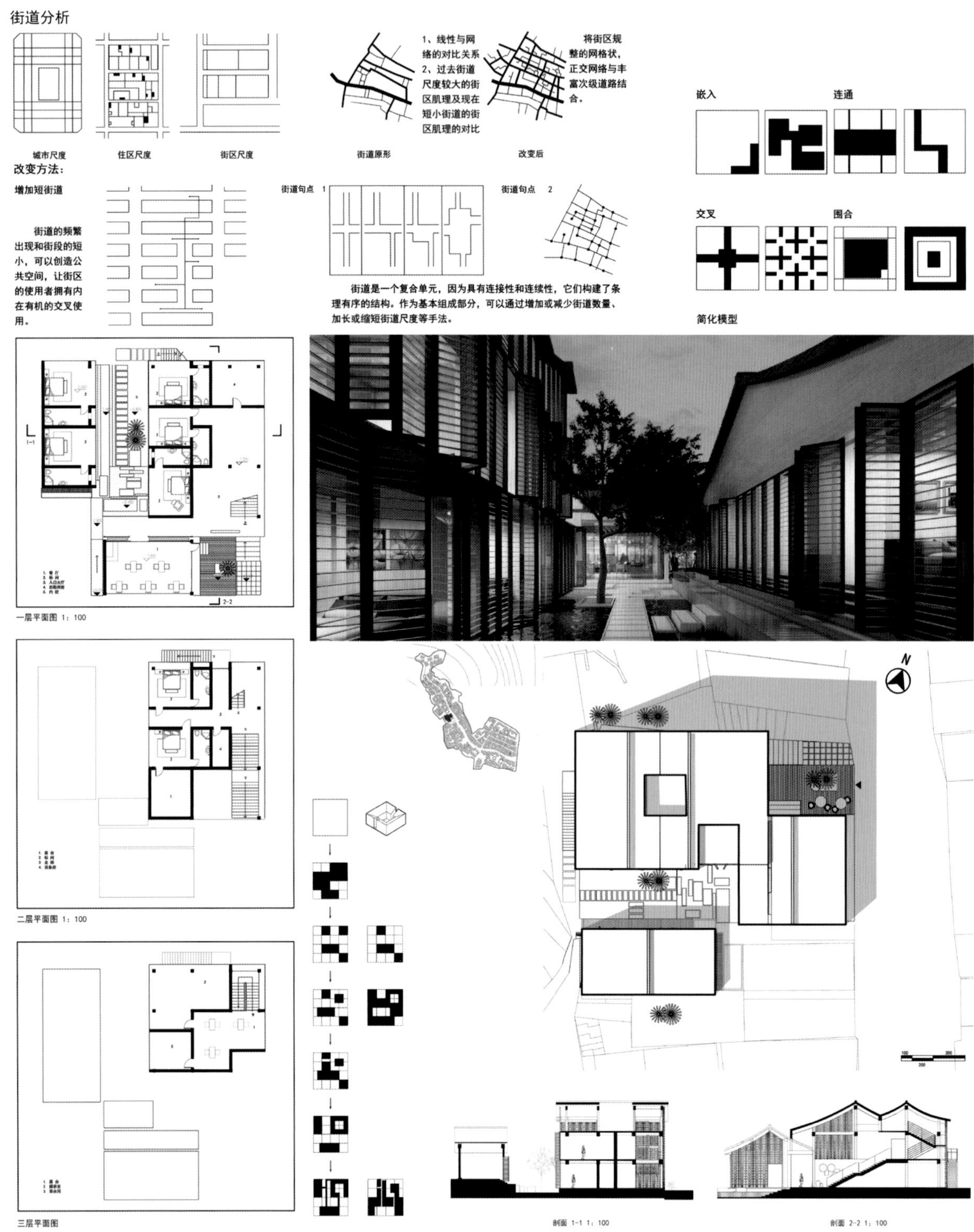
街道分析
城市尺度
住区尺度
街区尺度
1、线性与网络的对比关系
2、过去街道尺度较大的街区肌理及现在短小街道的街区肌理的对比
街道原形
将街区规整的网格状，正交网络与丰富次级道路结合。
改变后
改变方法：
增加短街道
街道的频繁出现和街段的短小，可以创造公共空间，让街区的使用者拥有内在有机的交叉使用。
街道句点 1
街道句点 2
街道是一个复合单元，因为具有连接性和连续性，它们构建了条理有序的结构。作为基本组成部分，可以通过增加或减少街道数量、加长或缩短街道尺度等手法。
嵌入
连通
交叉
围合
简化模型
一层平面图 1：100
二层平面图 1：100
三层平面图
N
剖面 1-1 1：100
剖面 2-2 1：100

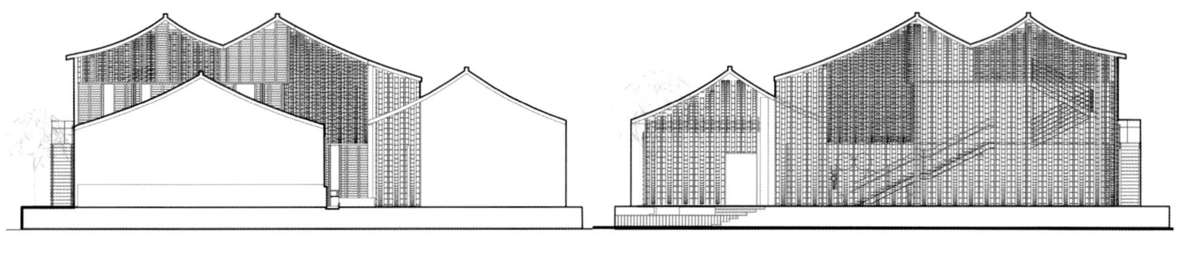

东南立面　1：100

西北立面　1：100

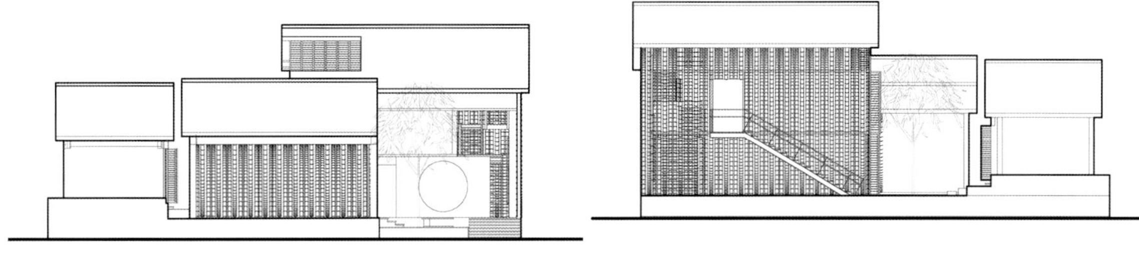

东北立面　1：100

西南立面　1：100

四川美术学院
建筑艺术系

城市针灸——中枢文化穴位

作　者　钟浚璐

指导老师　黄耘　王平妤

设计说明

回顾历史，各国在城市建设方面都经历了不同的阶段，每个城市也都要经历「建设—发展—衰退—更新」这一过程。在城市高度发达的今天，城市的更新成为迫在眉睫的问题。但是目前，许多城市仍然以「大规模推倒重建」为主要的城市更新方式，因为它可以在短时间内获得显著成效。但城市针灸则是微创式的城市更新方式。城市针灸作为一种实现城市小规模、渐进式更新的新概念，在许多国家已经收到显著成效，体现出其优越性。而在中国，其发展仍处于起步阶段。

尚居

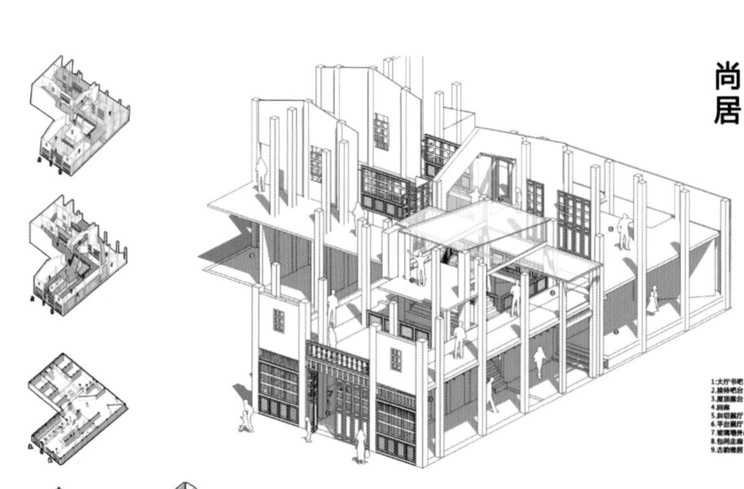

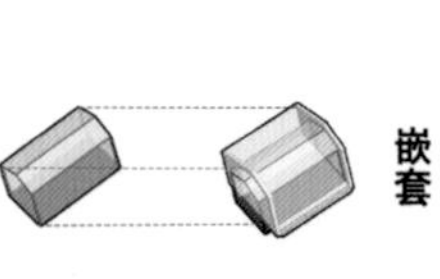

嵌套

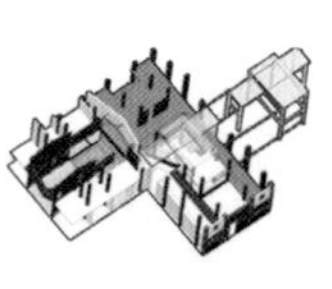

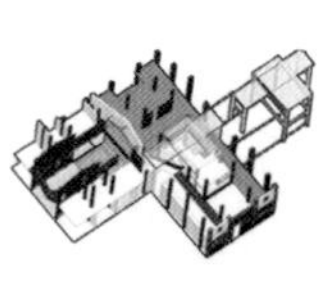

附加

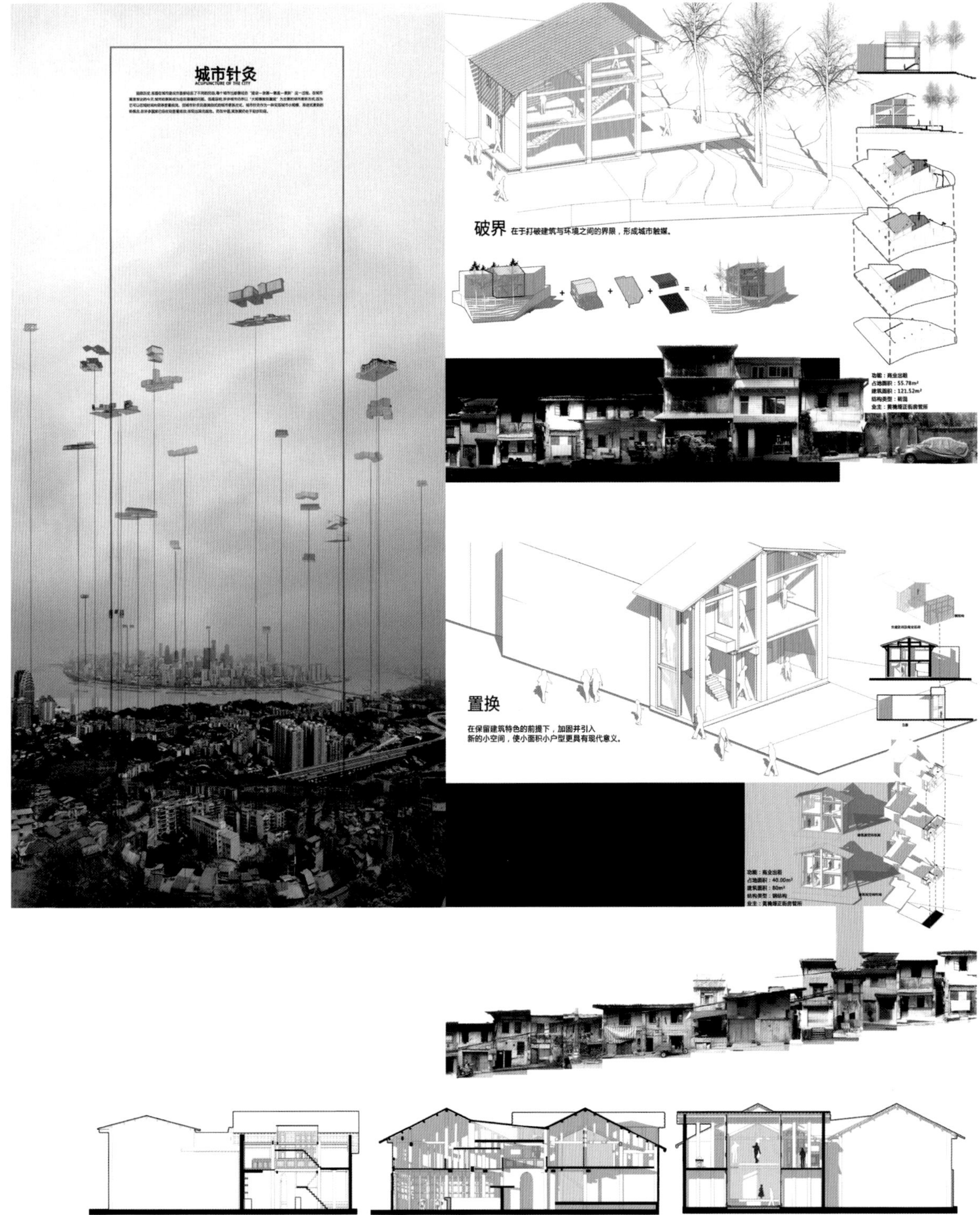
城市针灸
ACUPUNCTURE OF THE CITY
破界 在于打破建筑与环境之间的界限，形成城市触媒。
功能：商业出租
占地面积：55.78m²
建筑面积：121.52m²
结构类型：砖混
业主：黄桷垭正街房管所
置换
在保留建筑特色的前提下，加固并引入
新的小空间，使小面积小户型更具有现代意义。
功能：商业出租
占地面积：40.00m²
建筑面积：80m²
结构类型：钢结构
业主：黄桷垭正街房管所

时间简史——论装裱手法在旧建筑改造中的设计运用

作　者　张东　段丞芯

指导老师　黄耘　周秋行

四川美术学院
建筑艺术系

设计说明

无论万事万物如何发展变化，其运行轨迹或轨道都脱离不开时空。时间是线索，也是载体。经过时间的流逝，城市中沉淀下来的建筑街道变得面目全非，可历史文化留下的痕迹是不该被世人所遗忘抛弃的。我们通过现代处理手法，发掘历史文化的时间痕迹，展现一个串联起过去记忆的时空之道。

废弃建筑

特色小巷

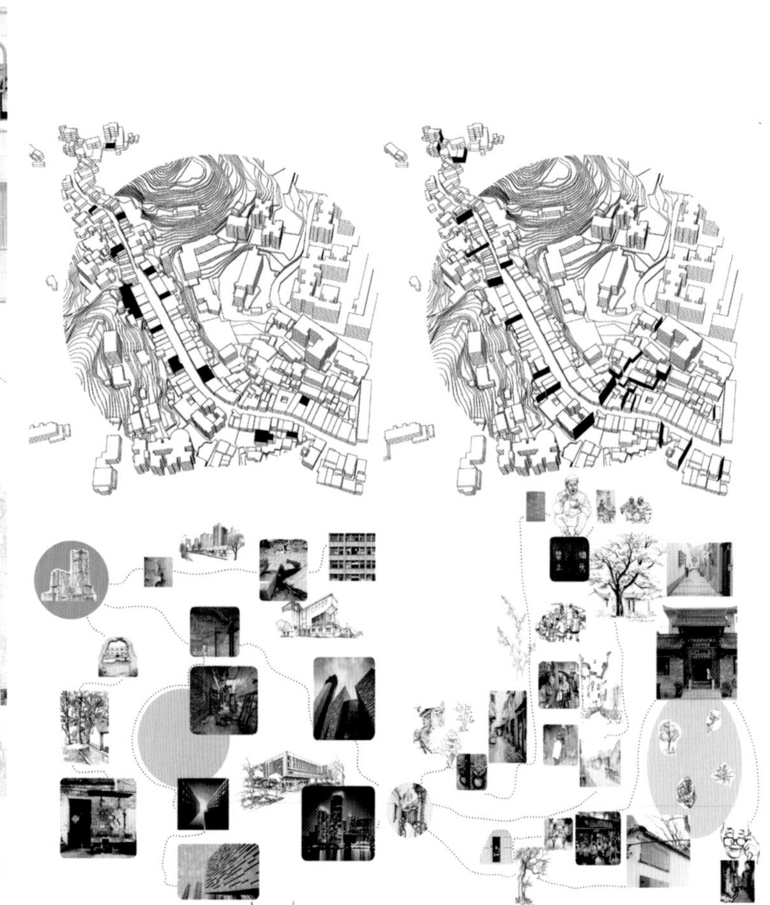

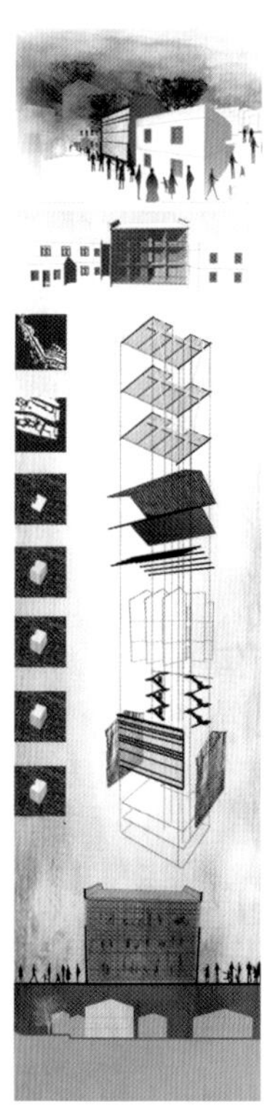

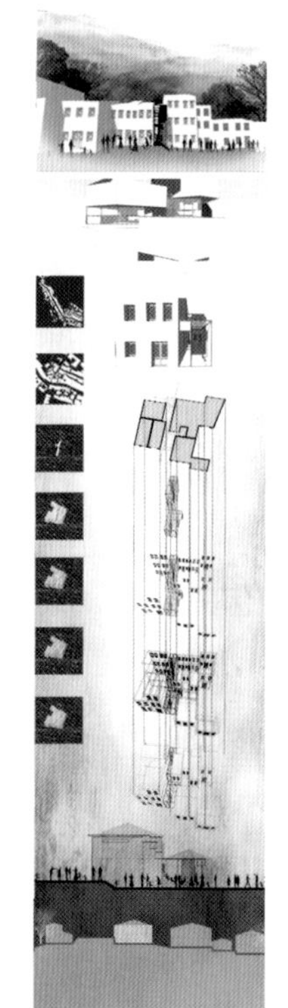

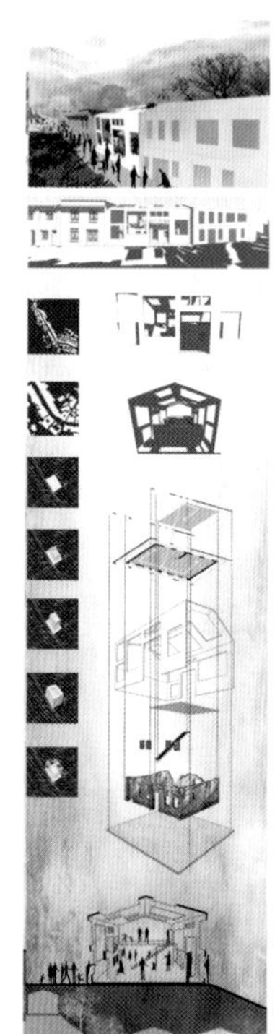

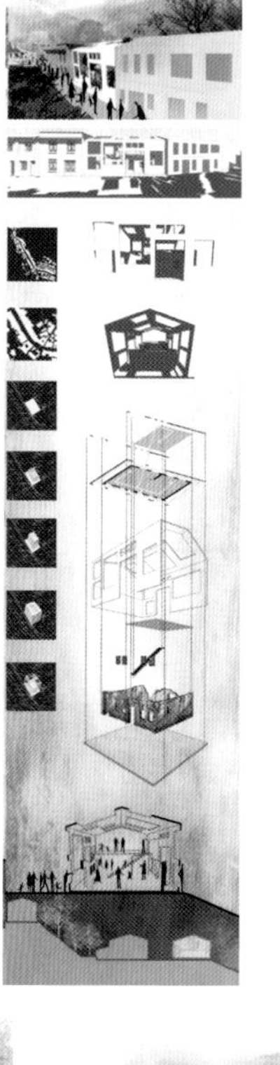

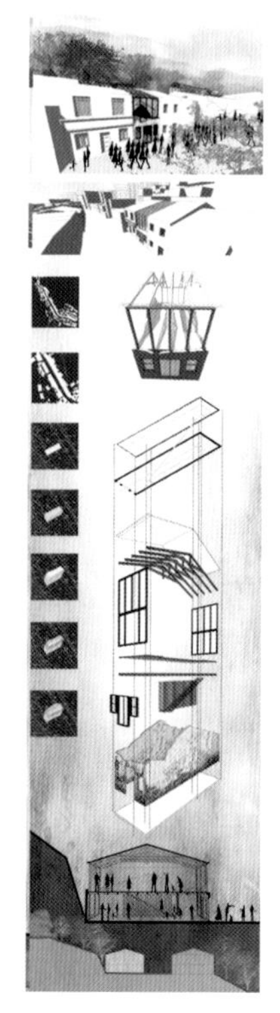

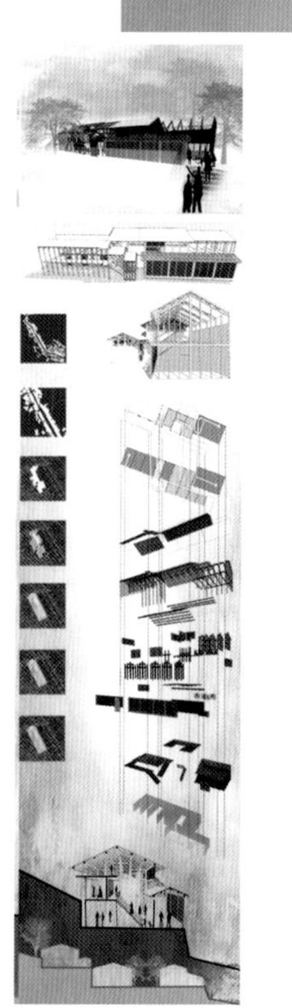

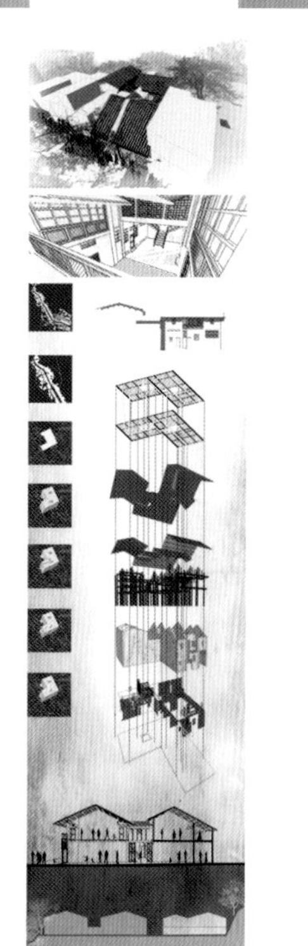

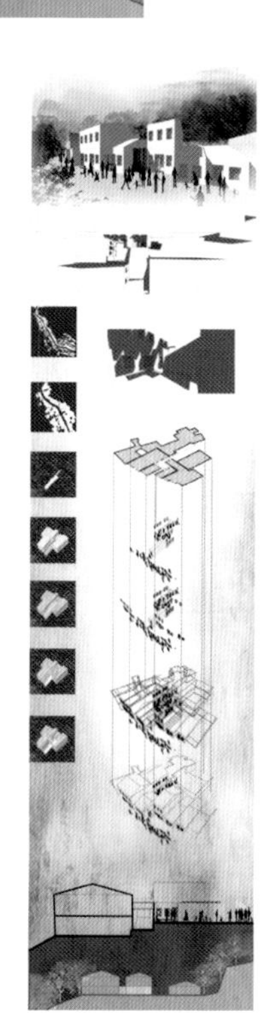

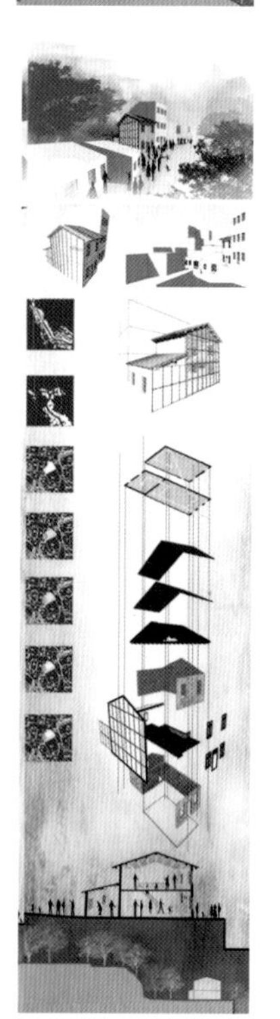

鼓浪屿万国俱乐部室内设计

作　者　周丽慧

指导老师　汪建松

设计说明

鼓浪屿鹿礁，自大英帝国在那里建造领事馆后，先后有德国、西班牙、日本等国也在那里建造领事馆，形成了一个「领馆区」。区内有用英语传道的专供洋人使用的教堂，还有一座也用英语会话专供外国人娱乐的俱乐部。大概于20世纪20年代初期，将此俱乐部卖给华侨黄秀烺，再在田尾英国大、小领事公馆和法国领事馆之间，新建了一座多功能的、现代化的俱乐部，内设中国最早的保龄球间，这就是「乐群楼」，鼓浪屿人通常称其为「万国俱乐部」，也叫「大球间」。本次项目为南洋归侨设计的一个俱乐部。为了体现出当时社交生活方式，俱乐部主要装饰风格为东南亚室内装饰风格。

清华大学美术学院
环境艺术设计系

METABOLISM LINE

作　者　刘天遥

指导老师　宋立民　刘东雷

设计说明

本次设计以新陈代谢理论为依据，根据场地类型、历史文化、自然气候等因素进行梳理，总结厂区以及废弃铁路的现状和问题，利用新陈代谢理论与实践相结合，为解决设计问题提出新的发展策略与方案，从概念、功能、形式、发展几方面出发，将废弃厂房与废弃铁路相结合，更好地利用现有资源，起到更新城市的作用，考虑其未来的发展方向并结合其自身历史文化价值，充分唤醒这片「废弃」区域的文化价值和景观价值，通过对周边和厂区的肌理、元素的整理和细胞更新，让这片区域重新获得生机。

清华大学美术学院
环境艺术设计系

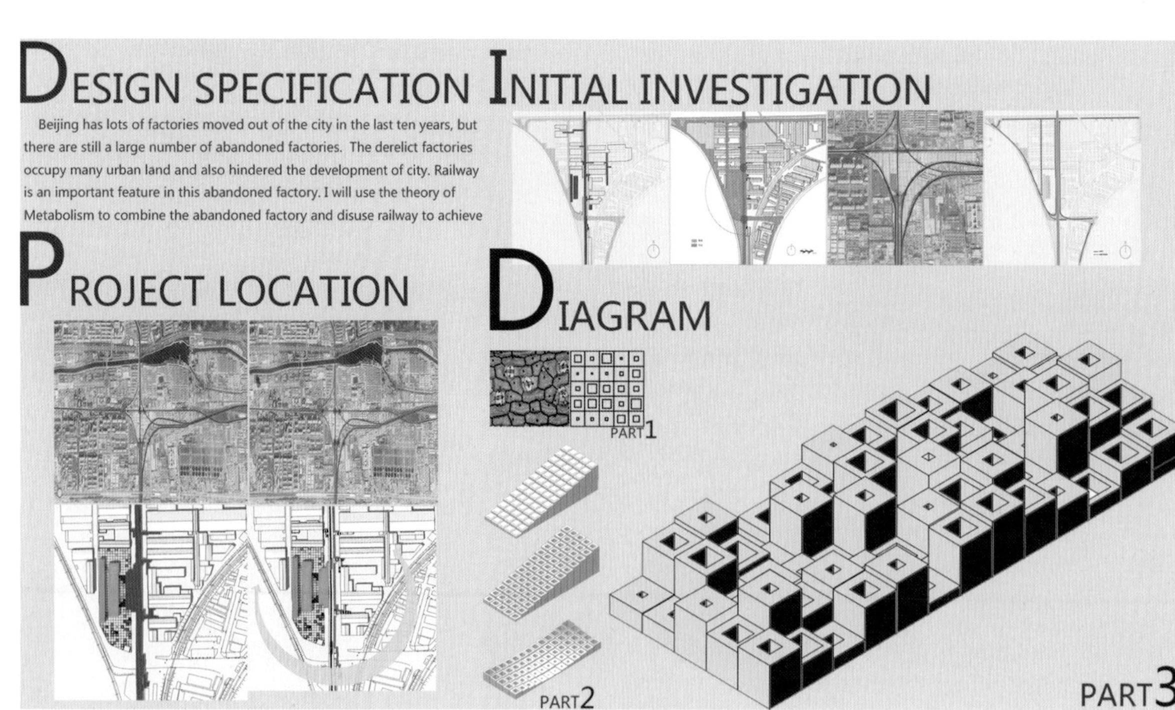

ANDSCAPE
SYCAMORE
YULAN MAGNOLIA
SAKURA
GINKGO
KOELREUTERIA PANICULATA
ACER MONO
PEACH
NODE DIAGRAM
A
B
C
D
E
F
SECTION
1
2
3
4
5
6
N
5
15
0
10
20
ITE-PLAN
0
4
8
2
6

造物·映像——以《天工开物》为线索的景观空间研究

作　者　李鑫

指导老师　崔笑声

设计说明

设计以传统造物方式为研究线索，以生产、生活、劳动等日常领域为观察视角，从中提取和转化为可能的空间形式，从而形成传统造物在当下社会的「映像」，即将传统造物的功能意义淡化，而强调由造物而凝聚的社会关系及社会交往。映像亦可以理解为一种传统造物的景观表达 景观中借助「造物」符号，让人们回忆起从前的生活情节，同时激发全新的体验活动，为产生联系与交流提供可能性。

清华大学美术学院
环境艺术设计系

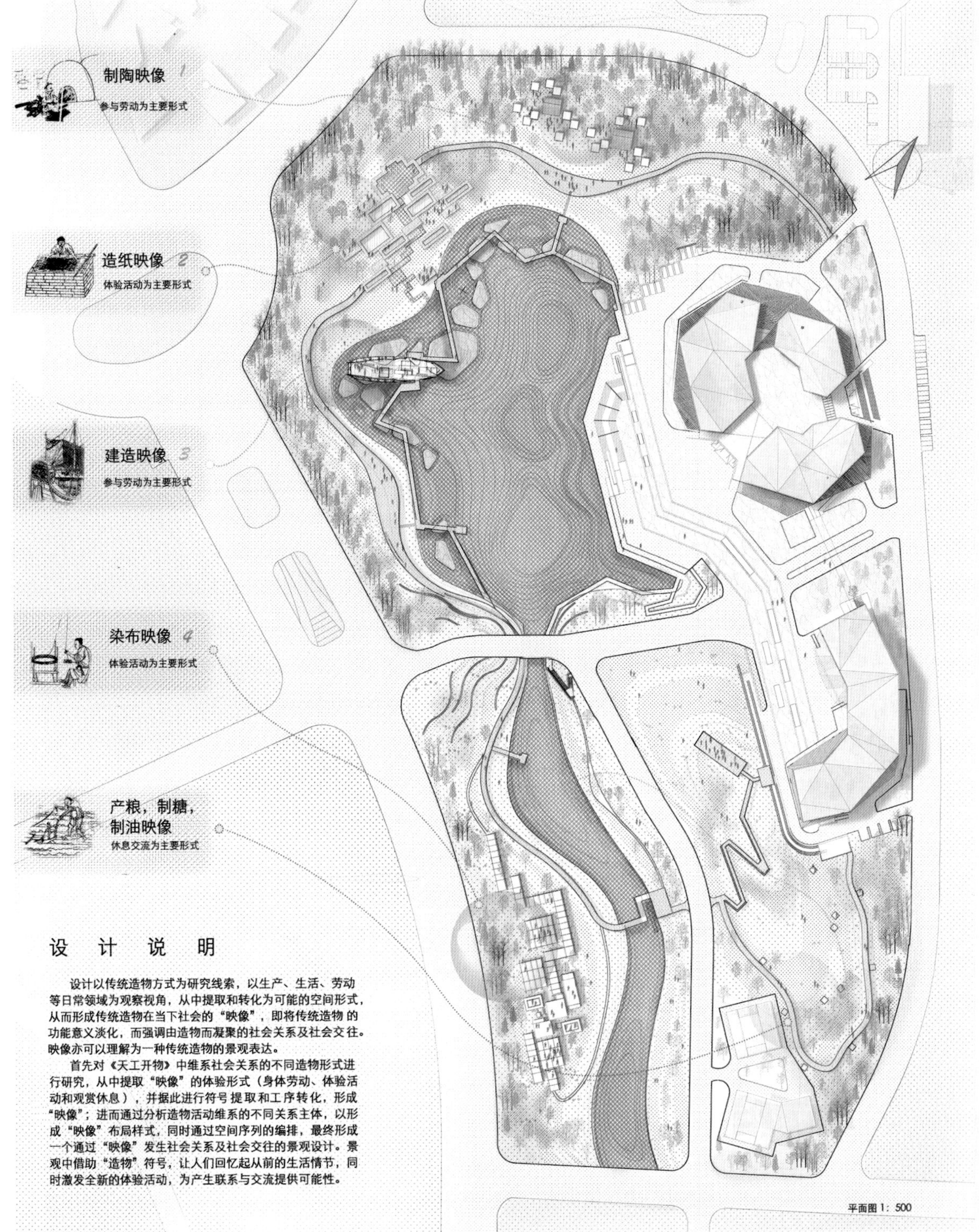

设 计 说 明

设计以传统造物方式为研究线索，以生产、生活、劳动等日常领域为观察视角，从中提取和转化为可能的空间形式，从而形成传统造物在当下社会的“映像”，即将传统造物 的功能意义淡化，而强调由造物而凝聚的社会关系及社会交往。映像亦可以理解为一种传统造物的景观表达。

首先对《天工开物》中维系社会关系的不同造物形式进行研究，从中提取“映像”的体验形式（身体劳动、体验活动和观赏休息），并据此进行符号提取和工序转化，形成“映像”；进而通过分析造物活动维系的不同关系主体，以形成“映像”布局样式，同时通过空间序列的编排，最终形成一个通过“映像”发生社会关系及社会交往的景观设计。景观中借助“造物”符号，让人们回忆起从前的生活情节，同时激发全新的体验活动，为产生联系与交流提供可能性。

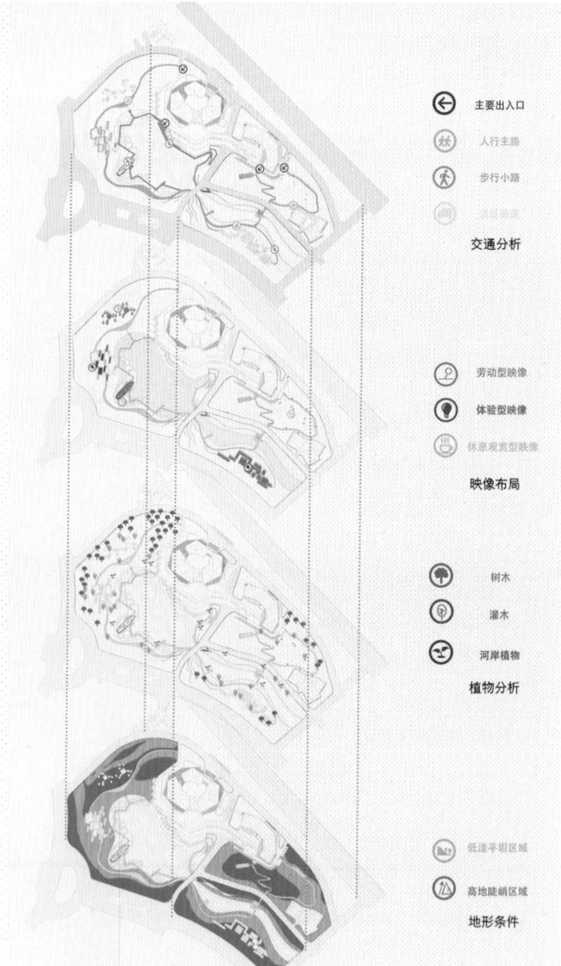
主要出入口
人行主路
步行小路
交通分析
劳动型映像
体验型映像
休息观赏型映像
映像布局
树木
灌木
河岸植物
植物分析
低洼平坦区域
高地陡峭区域
地形条件

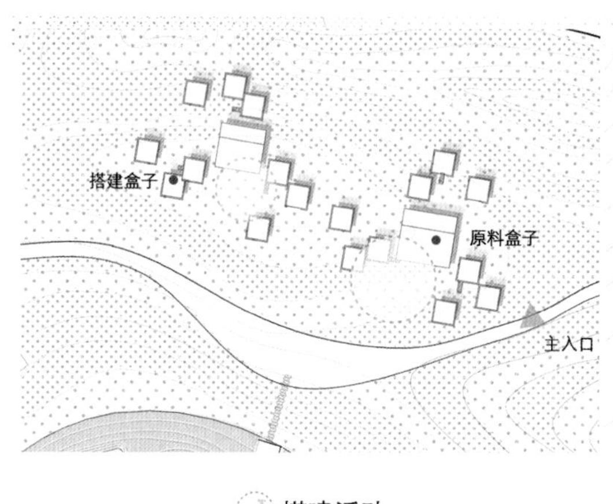

搭建活动

造陶映像布局于茂密的树林之中，以暗示观者此映像的造物来源，带入情景。从用陶器搭建为切入点，在影响中，人们运用“窑”内已经烧制好的瓦片，青砖等建造材料，在“窑”周围的构筑进行搭建活动，搭建过程中，搭建的空间成为人们休息交流的空间，人们在合作中产生可能的交往。因此这个映像是随着时间生长的，伴随着人们的搭建数量的增加，以5年时间为一个循环，在完成搭建之后将其还原，再次进行重建。

1 制陶映像

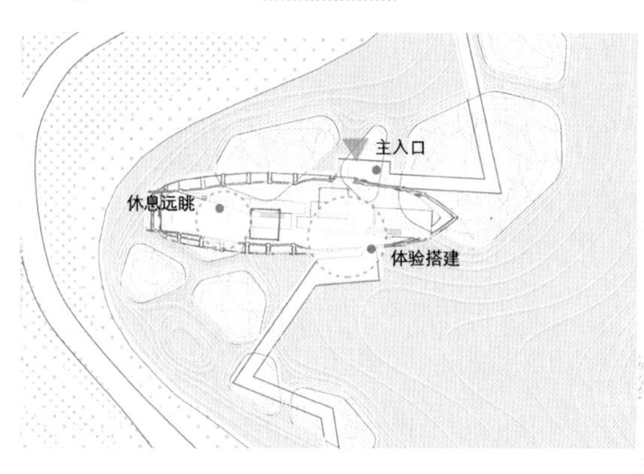

建造休闲

建舟映像的生成，利用船身，脚手架将人们带入建造的情景中，通过不同观景平台的交错，形成场地中的景观制高点，人们在观赏休息中产生交流活动。同时其与北侧稻田映像区域的观景平台以及展览馆前的亲水平台形成呼应。

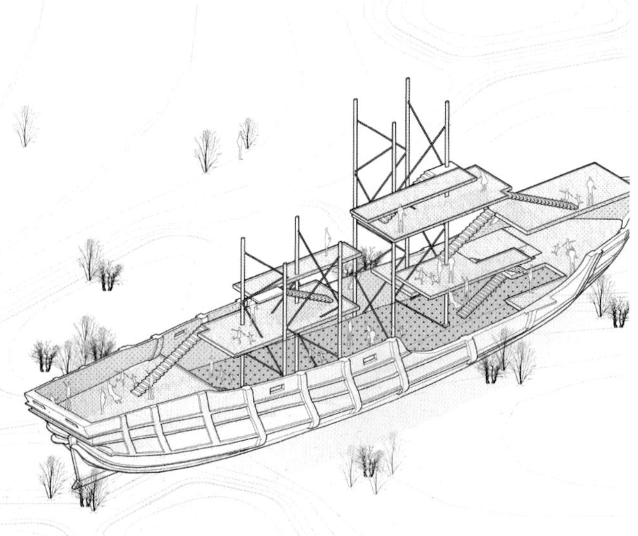

2 建造映像

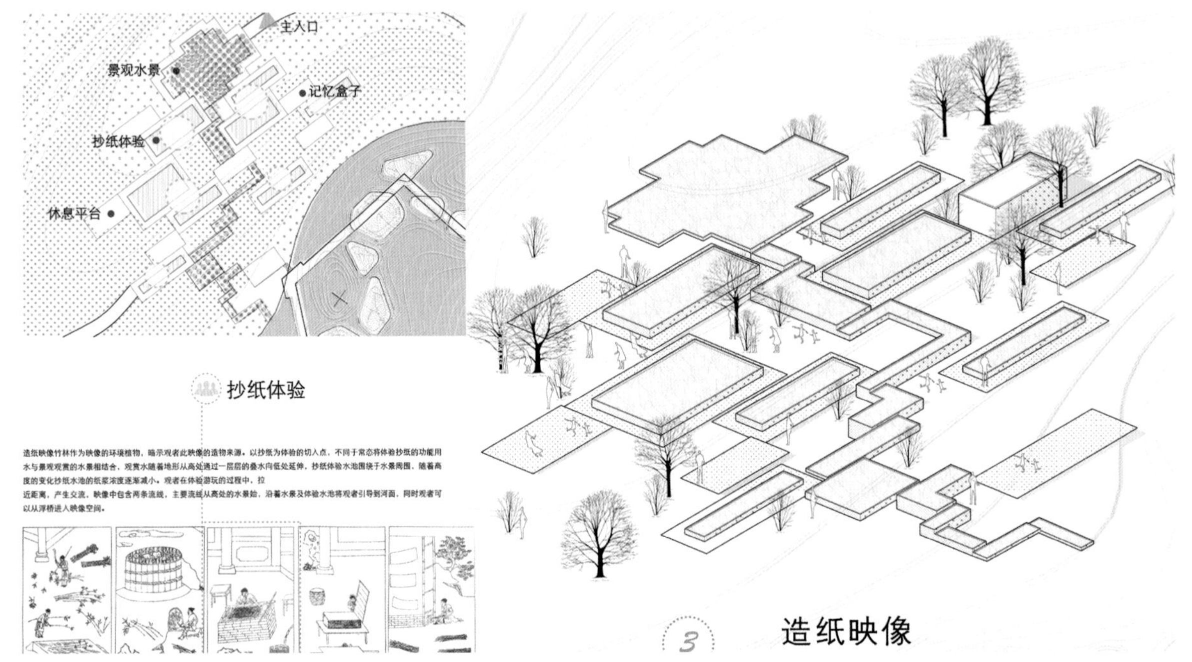

抄纸体验

造纸映像竹林作为映像的环境植物，暗示观者此映像的造物来源。以抄纸为体验的切入点，不同于常态将体验抄纸的功能用水与景观观赏的水景相结合，观赏水随着地形从高处通过一层层的叠水向低处延伸，抄纸体验水池围绕于水景周围，随着高度的变化抄纸水池的纸浆浓度逐渐减小。观者在体验游玩的过程中，拉近距离，产生交流，映像中包含两条流线，主要流线从高处的水景始，沿着水景及体验水池将观者引导到河面，同时观者可以从浮桥进入映像空间。

3 造纸映像

丁香 1.5-2.5m

橡树 8-10m

竹子

[illegible]生成，利用船身、脚手架将人们带入建造的情景中，通过不同观景平台的交错，形成场地中的景观制高点，人们在观赏休息中产生交流活动。同时其与北侧稻田映像区域的观景平台以及展览馆前的亲水平台形成呼应。

造纸映像竹林作为映像的环境植物，暗示观者此映像的造物来源，以抄纸为体验的切入点，不同于常态将体验抄纸的功能用水与景观观赏的水景相结合，观赏水随着地形从高处通过一层层的叠水向低处延伸，抄纸体验水池围绕于水景周围，随着高度的变化抄纸水池的纸浆浓度逐渐减小。观者在体验游玩的过程中，拉近距离，产生交流，映像中包含两条流线，主要流线从高处的水景始，沿着水景及体验水池将观者引导到河面，同时观者可以从浮桥进入映像空间。

剖面图 1：200

主入口
扎染体验区域
扎染体验区域
行为痕迹染布区域

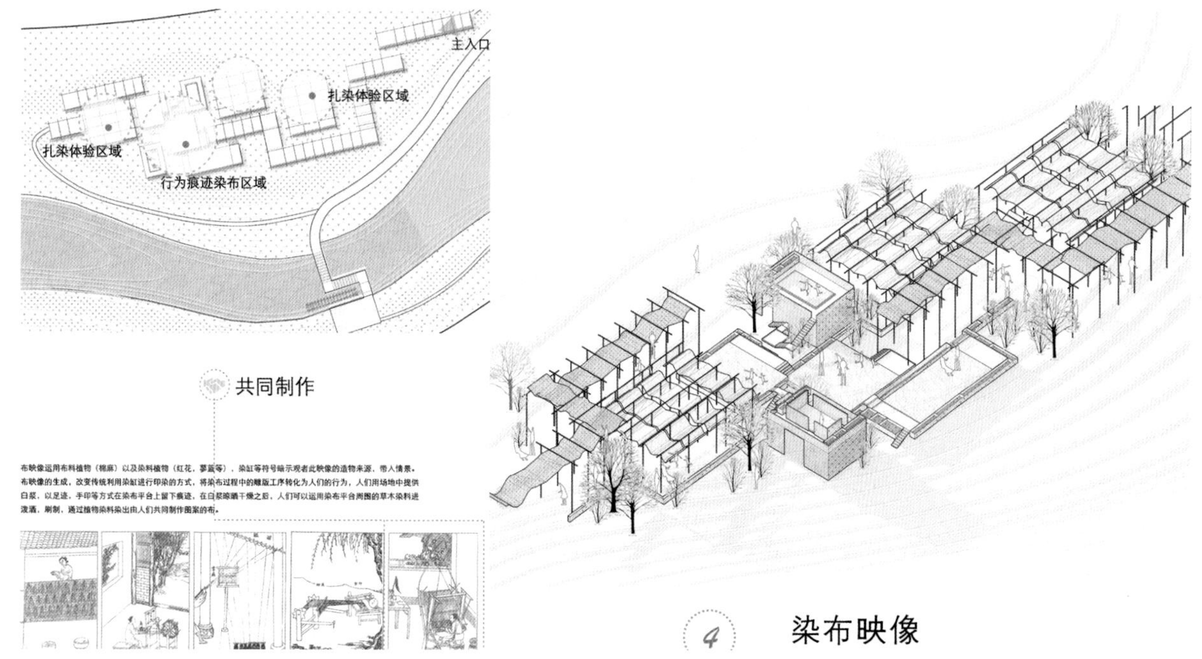

共同制作

布映像运用布料植物（棉麻）以及染料植物（红花，蓼蓝等），染缸等符号暗示观者此映像的造物来源，带人情景。布映像的生成，改变传统利用染缸进行印染的方式，将染布过程中的雕版工序转化为人们的行为，人们用场地中提供白浆，以足迹，手印等方式在染布平台上留下痕迹，在白浆晾晒干燥之后，人们可以运用染布平台周围的草木染料进泼洒，刷制，通过植物染料染出由人们共同制作图案的布。

4 染布映像

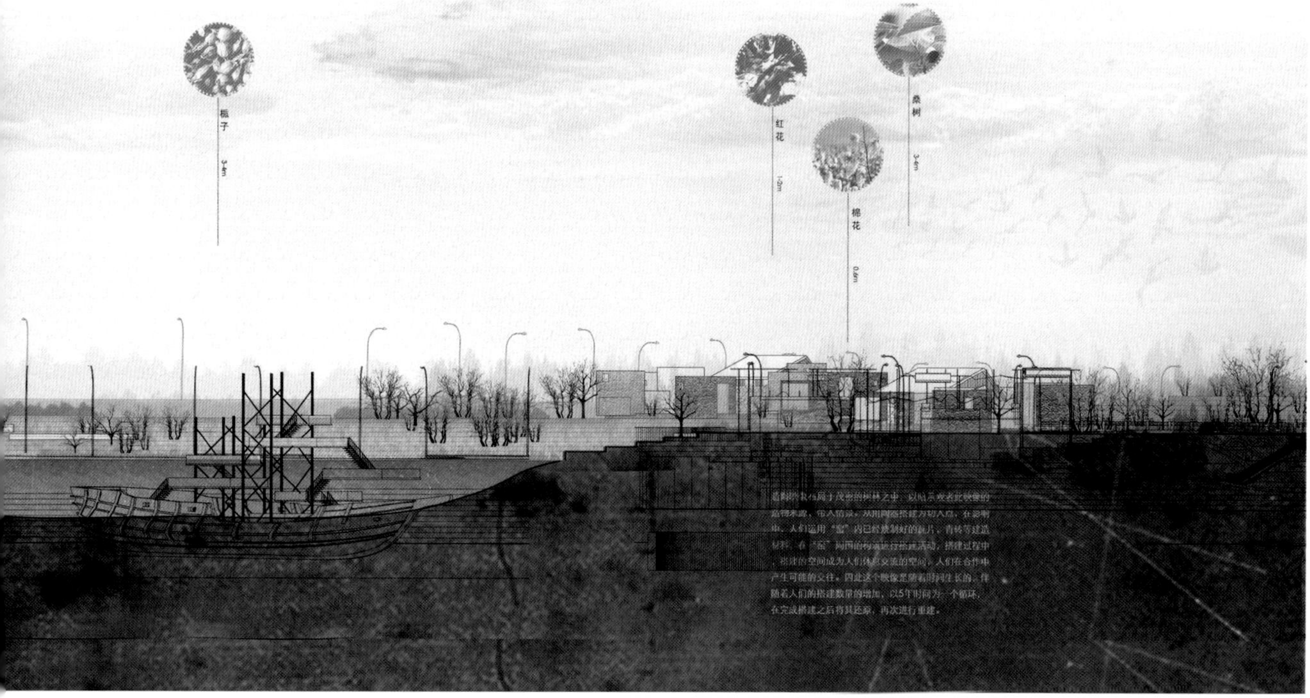

栀子
红花
桑树
棉花
人们在合作中产生可能的交往。因此这个映像是随着时间生长的，伴随着人们的搭建数量的增加，以5年时间为一个循环，在完成搭建之后将其还原，再次进行重建。

池阳绿谷——自然教育园区

作　者　靳开颜

指导老师　丁圆　侯晓蕾

设计说明

在日益加速的乡村建设过程中，陕西省曹师村逐渐呈现出生态退化和乡土景观流逝的严重问题。利用景观设计的手段，平衡当地自然环境保护与村落开发建设变得尤为重要。我试图采用一种强调生态保护的方式，打造一处充满乡土气息的自然教育保护园区。这里将重现最初的田园风光，释放人们的乡野情怀，并展现其全新的教育意义。访客通过独特的感官体验路径，将经历走进自然、亲近自然、了解自然和保护自然的四个阶段。

中央美术学院
建筑学院

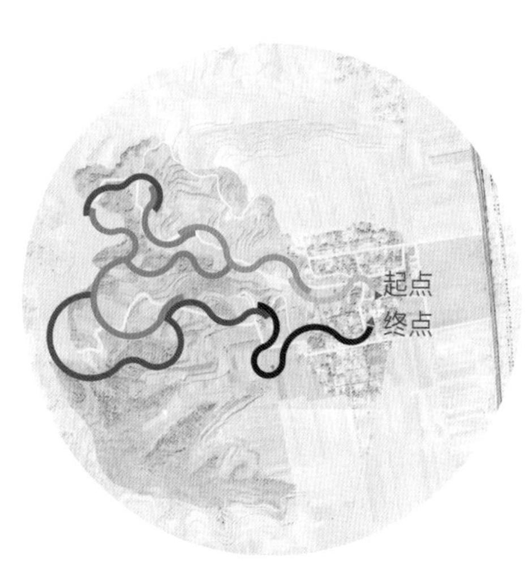

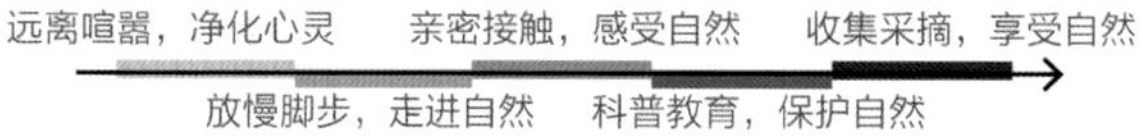

远离喧嚣，净化心灵　　亲密接触，感受自然　　收集采摘，享受自然

放慢脚步，走进自然　　科普教育，保护自然

该区域由两座现存的寺庙和一座新的建筑组成。庙宇主要展现当地的民风民俗，新建筑主要作为教育中心，展示关于生态保护和自然农法的相关知识。

配合着庙宇，有一个帮助人们沉静心情的广场。广场设计借鉴了日本的枯山水，游客们可以自己用广场上提供的耙子，在沙土上推出不同的纹理与图案。

在新的建筑内，不仅为游客提供了展览空间和辅助性的休闲空间。同时还给当地人提供了老年儿童活动中心和图书馆。是一个有着复合功能的建筑。建筑前面配合了硬质铺装的广场。人们可以在这里举办活动，或者是简单的休憩娱乐。

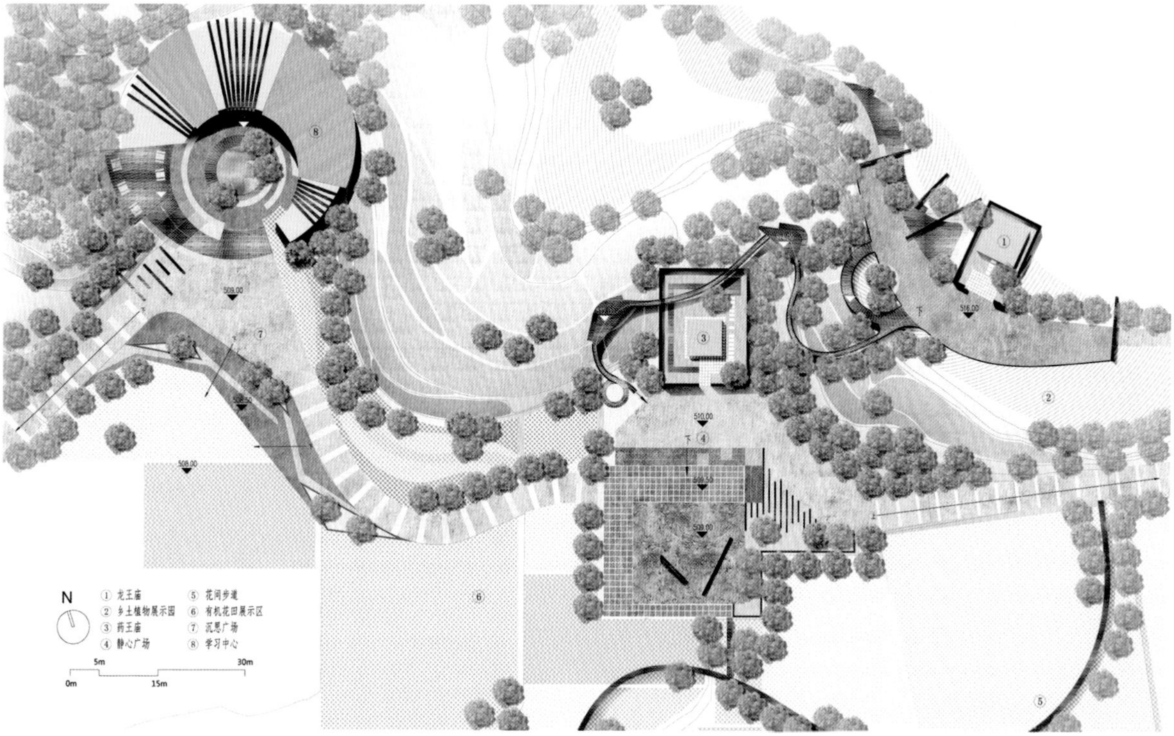

N

① 龙王庙
② 乡土植物展示园
③ 药王庙
④ 静心广场
⑤ 花间步道
⑥ 有机花田展示区
⑦ 沉思广场
⑧ 学习中心

0m　5m　15m　30m

透明工厂

作　者　汤铠纶

指导老师　邱晓葵　杨宇　崔冬晖

设计说明

「透明工厂」是一个主要面向建筑师、艺术家、设计师和所有热忱于制造材料与木工艺人群的建造工作坊、研究中心和生活工作空间。潜伏在静谧的妫河艺术区，工厂可以举办各类workshop、展览、研讨会和居住体验，来共同探求设计，制造和场所之间本质性的联系。通过公共的、合作的方式，让「透明工厂」成为人们分享观点、工作方法、兴趣和知识技能的场所。

中央美术学院
建筑学院

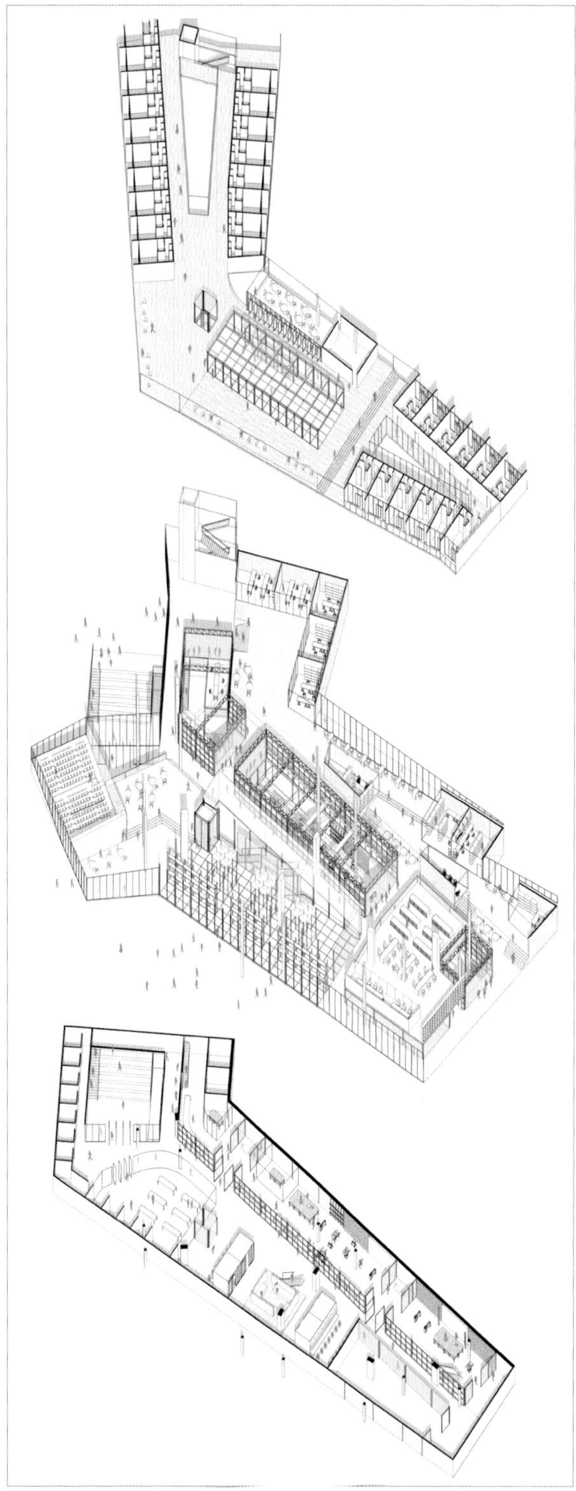

双向渗透——二线关图书馆设计

作　者　王峰颖

指导老师　程启明

设计说明

基地位于二线关的一侧，关内与关外都已经历高密度发展，形成了致密的城市肌理。由于二线关内外的行政边界与关线本身不尽重合，沿线自然出现较多的真空管理地带，为移民自发聚居地的滋生和蔓延提供了可能，基地周围的不同的人群，他们带来了不同的文化。在图书馆中植入各种文化与自然元素，将他们互相渗透，成为联结两边的城市公共空间和生活的必需空间。把自然与文化引入建筑之中，在建筑中庭 空间中形成不同的阅览室空间，将功能空间虚化到公共空间中，最终达到互相渗透的作用。

中央美术学院
建筑学院

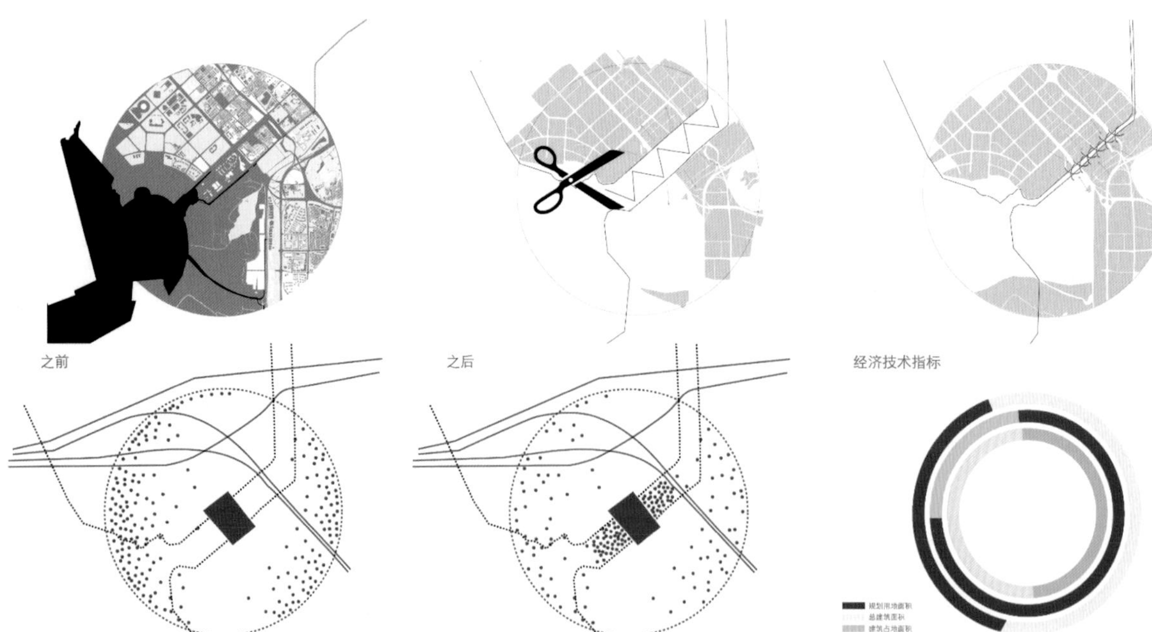

A 文化中心入口大厅
B 图书馆入口大厅
C 文件检索区
D 自助存包区
E 读者休闲区
F 自助还书区
G 书店
H 卫生间
I 辅助用房
J 分类登录
K 编目室
L 报告厅
M 咖啡厅

首层平面图 1:300

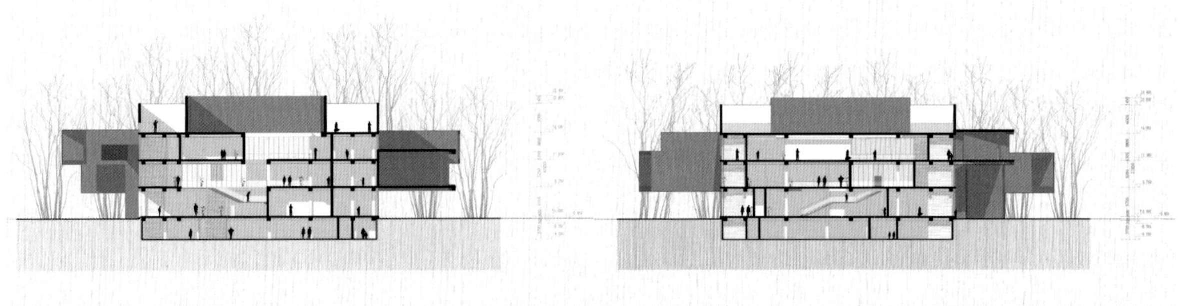

B-B 剖面图 1:300

A-A 剖面图 1:300

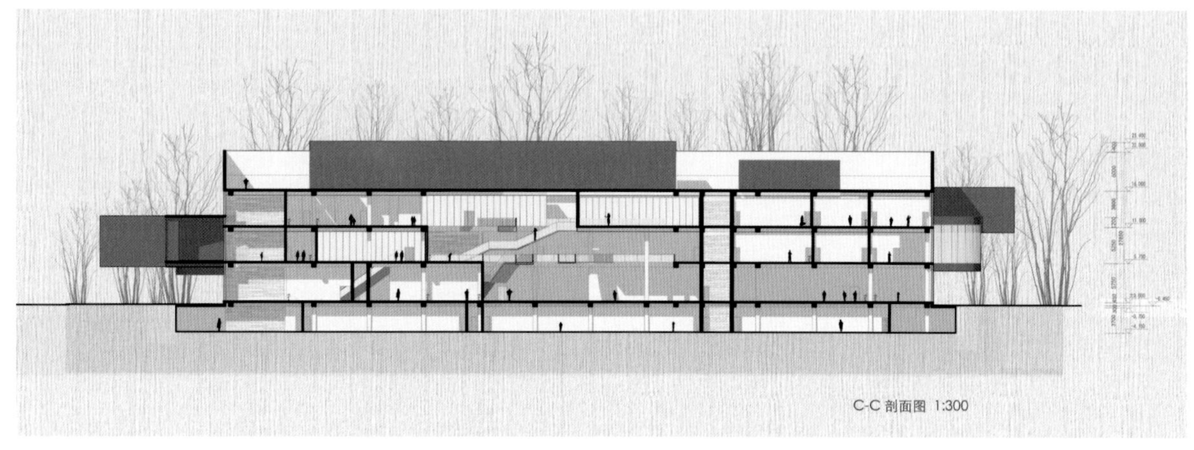

C-C 剖面图 1:300

北立面图 1:300

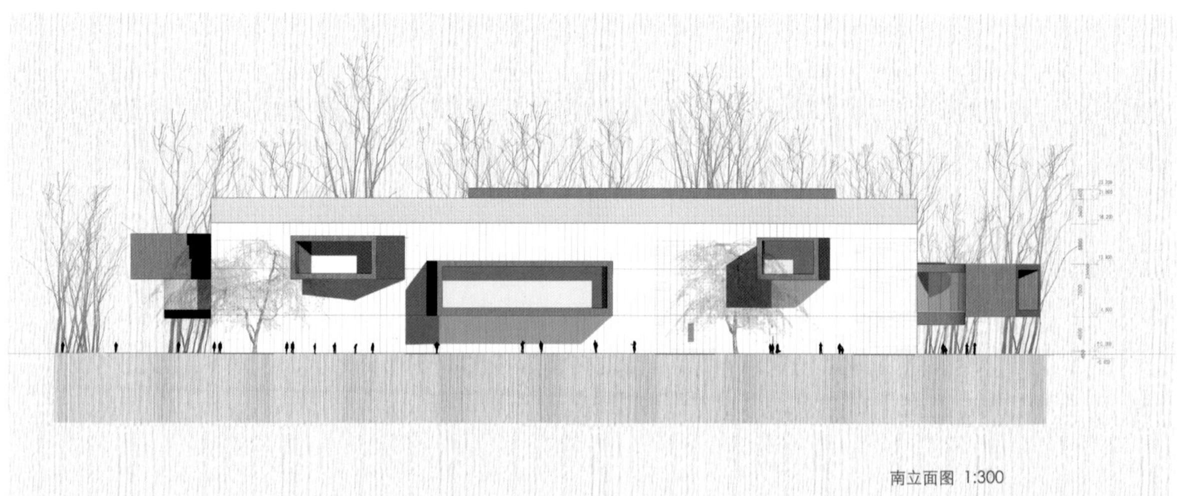

南立面图 1:300

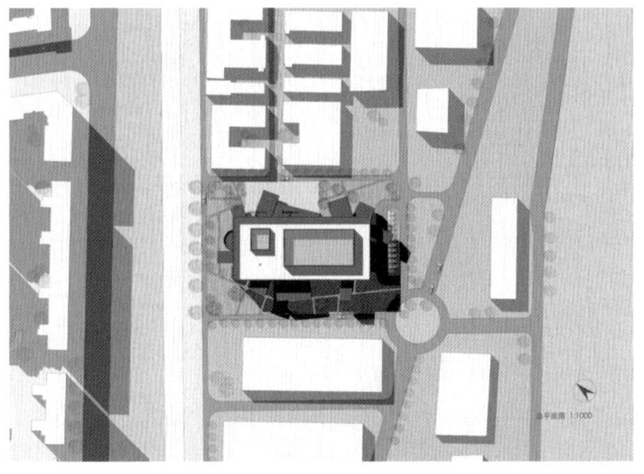
总平面图 1:1000

『空』的群岛：大栅栏公厕计划

作　者　卓俊榕

指导老师　傅祎

设计说明

经过观察，发现其中的公共厕所具备了很好的改造条件，通过改造并在其上方加建住宅，以保留被腾退的居民，使居民在可以留居本地的前提下提高生活质量。而居民原有的地面空间将得到释放，成为真正意义上的公共空间。

中央美术学院
建筑学院

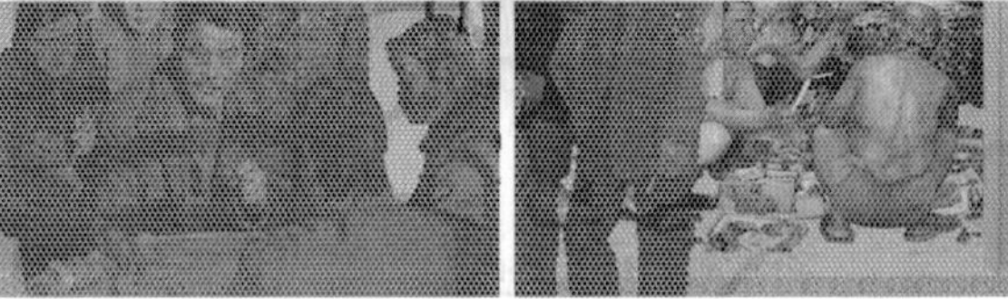

断障取艺——曲艺文化综合体

作　者　宋颖

指导老师　吕品晶　史洋

设计说明

在现有城市规划下，行走在聊城市区中，由于建筑物的阻挡，人与水的关系被切断，有「水城无水」之感。为打破这种城水隔绝的状态，我将建筑的屋顶设计成一个沟通城市与水的室外广场，并在丁家湾设置码头，使建筑同时也成为一个转换交通方式的节点。在广场上，人们可以从事与建筑功能相关的多种活动，重现繁荣的码头文化。

山东聊城、临清一带因运河的开凿，兴起了很多具有地方特色的曲艺文化，但近些年其出现了传承危机。曲艺在现代社会仍然需要在表演中生存，而不仅仅是成为博物馆中的标本，传统表演空间也需要逐渐调整，以适应现代观演人群的需要。我希望将曲艺文化潜移默化地融入到市民的生活中，以减少所谓的「专业性」给人带来的距离感。将传统单一的观演方式多元化，人们可以在不同的情景中，以不同视角观看曲艺表演；将表演空间、展览空间、教学空间、休闲空间与码头放入一个建筑中，打造一个城市灵活开放的曲艺综合体。

中央美术学院
建筑学院

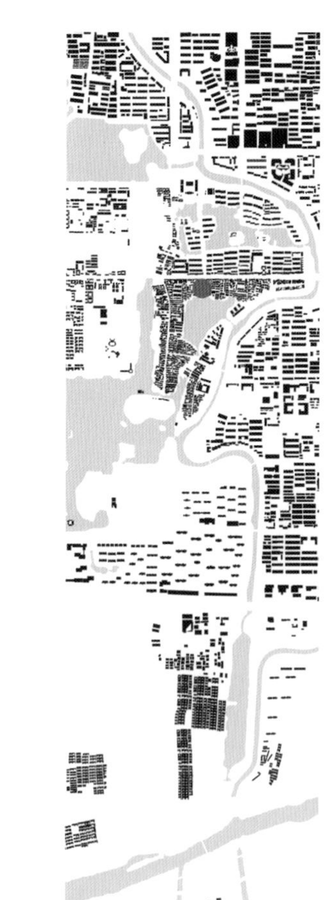

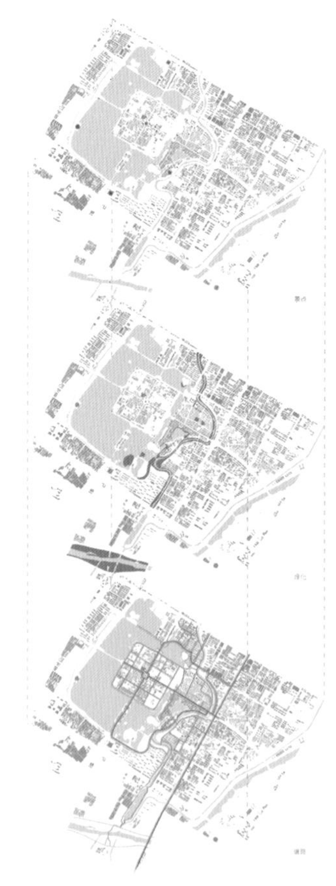

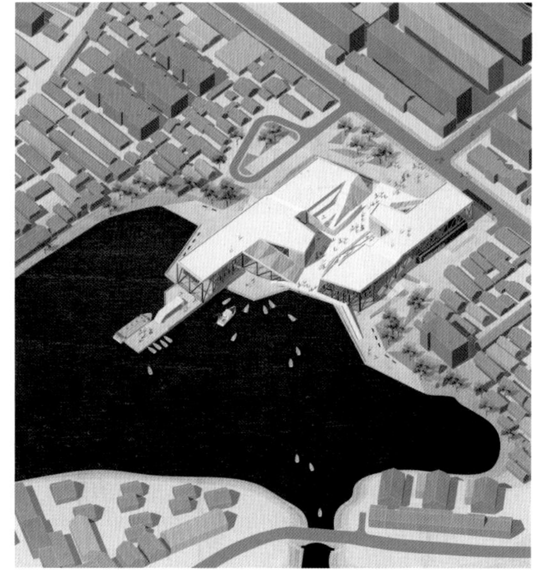

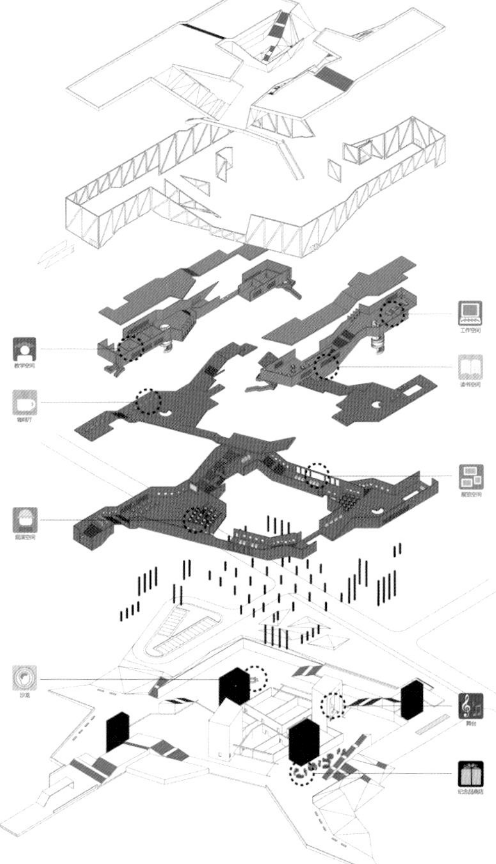
工作空间
教学空间
读书空间
展览空间
沙龙
舞台
纪念品商店

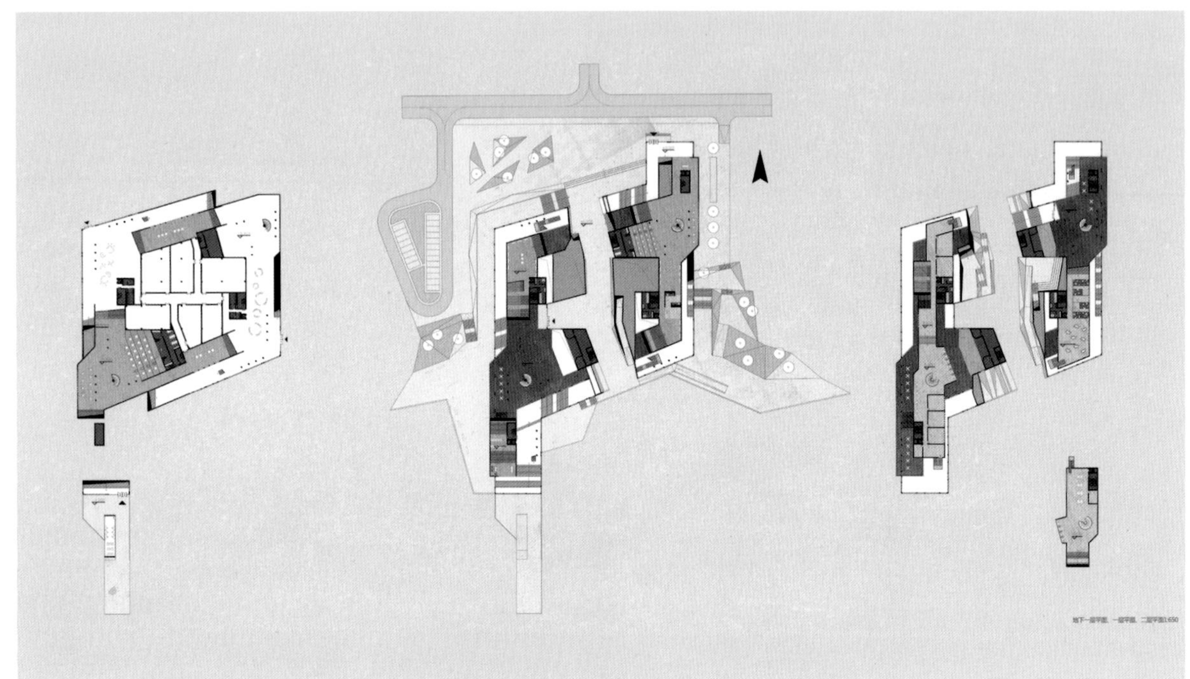
地下一层平面、一层平面、二层平面1:650

谷家峪名宿酒店设计规划——清林雅筑

作　者　康俟杰

指导老师　王铁

设计说明

充分利用其乡村的自然景观和淳朴人文环境，以及其特殊的地理位置。设计规划一个以景观为主的高质量的民宿酒店。在美化乡村的同时，带动当地的发展建设。谷家峪民宿酒店主要依靠其旁边国家A级景区的游客量经营建设，再以设计规划后自身条件吸引城市人口前往休闲度假。

中央美术学院
建筑学院

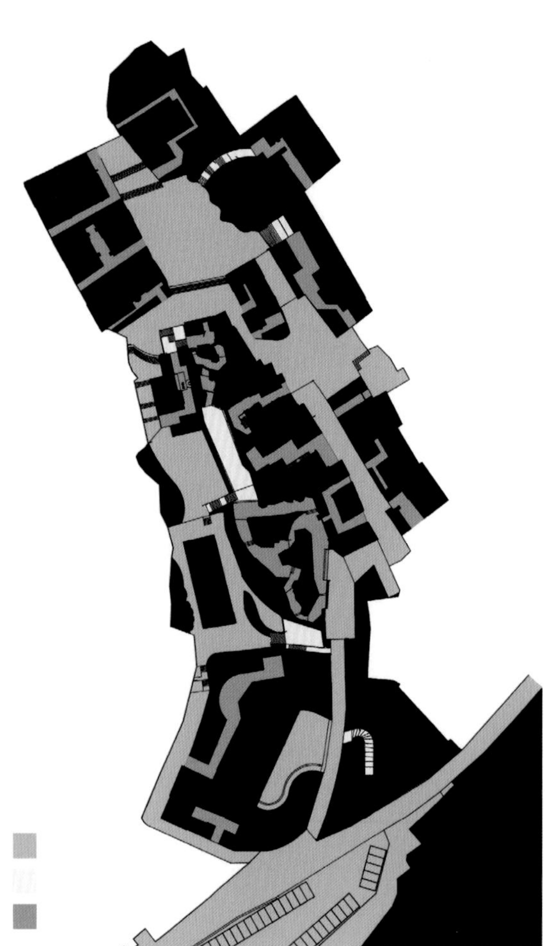

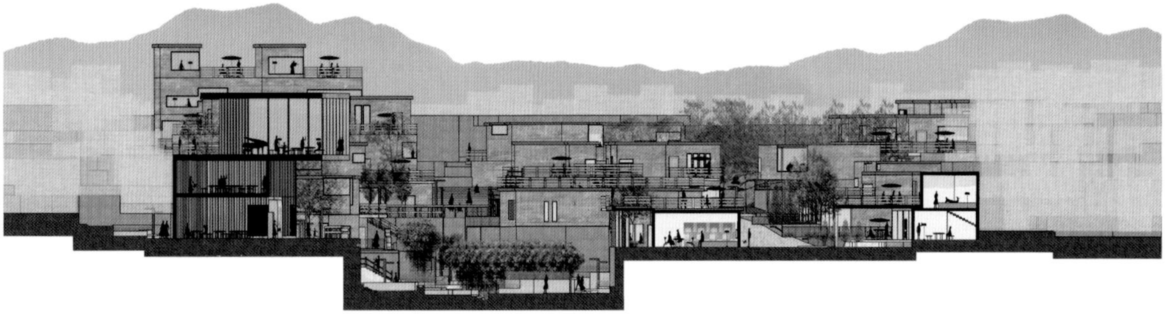

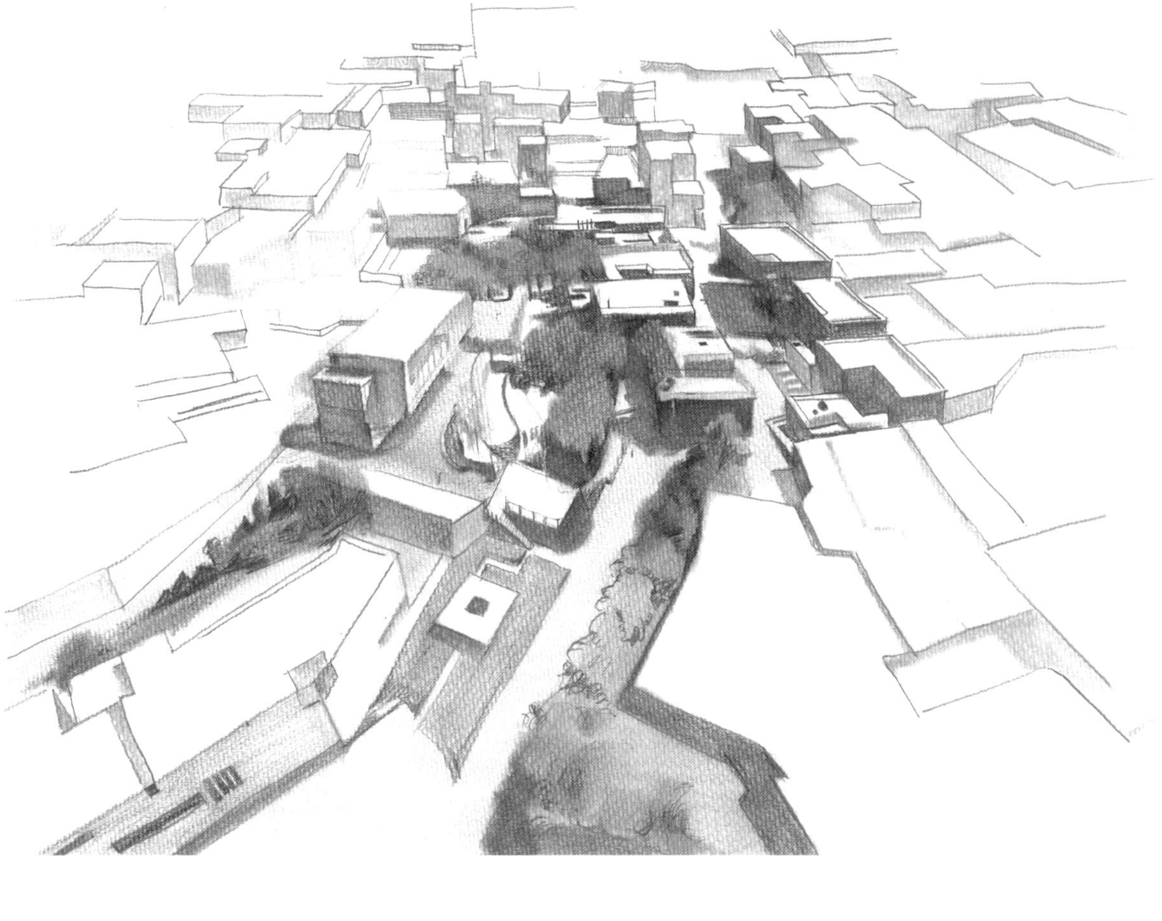

景框

作　者　彭勃

指导老师　王小红　丘志

设计说明

设计的关键词是景框，强调了方案最大的特点——方向性。通过建筑的方向性将人们从北边的城市空间引导到南边的滨水界面来。南部界面是一个典型的慢行城市，面朝元大都遗址公园美好的自然环境，阳光充足，视野开阔，尺度适宜。北界面面朝着北土城东路，是典型的北京汽车快速通行的街道。在体量关系的选择上，做一系列相对小体量的房子在河边，是因为我想用分散的体量去消解掉大型的城市空间，使得建筑更加亲近于人的尺度。采取的策略是以文化商业相结合的方式激活周边。总而言之，希望通过我的建筑强烈的方向性，最终将人们引到我南边的建筑界面来。拥抱南边美好的自然环境。

中央美术学院建筑学院

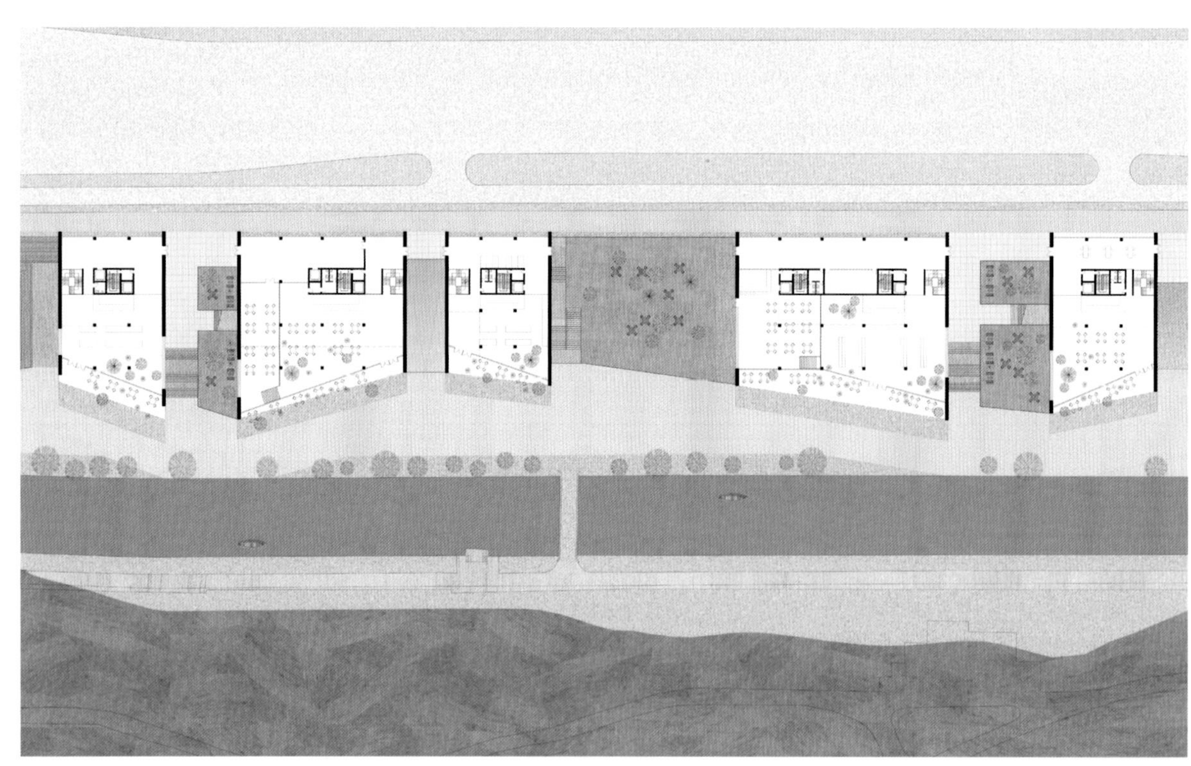

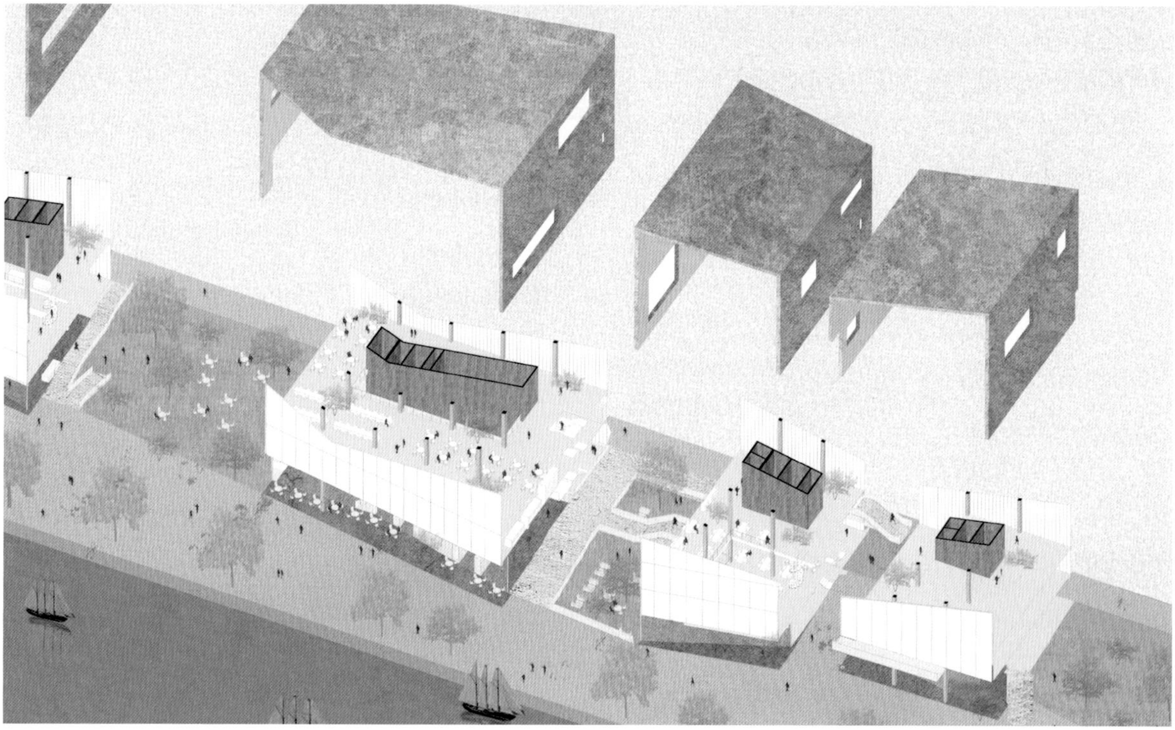

中央美术学院
建筑学院

深圳城中村边界再设计

作　者　高原

指导老师　周宇舫　王环宇

设计说明

城中村外的遮蔽墙从曾经的历史和资本消费两方面主导了周边居民的行为，日常生活被挤压成为碎片。作品从「游戏性」与「庇护性」两方面对遮蔽墙的存在形式进行解读和基于日常生活的再建构，将碎片还原为一个另类的情境空间。

从日常生活中进行革命以摧毁表象的景观，释放人的本质。强调日常的愉悦感，随机性侧重感官的感受，对日渐异化的「日常生活」进行解放。

或许，题目应该纯粹些，只在“建筑的清净，情境的建筑”间的转移。

A9 Studio 还是延承以往的概念，希望在建筑与情境之间实现形态的转移。这一届的同学在情与建筑之外更加注重叙事的功能，将叙事作为形式的载体，形式在故事中自生，继而自在而然。

我们用一个学期的时间学习高迪的建筑思想，希冀学习几招形式生成的逻辑，却只意识到过去、现状、未来之间难以言说的关系。圣家族教堂即是高迪以建筑为媒介进行情境叙事，在过去与未来之间。

很多指向未来的思想都在启发我们，挑战我们对于延承的认知，但可能都不如位于深圳二线关外的城中村来的彻底。我们怀着敬畏之心体认与精英建筑学完全相反却自成系统的人民日常建筑，城中村像一个黑洞弥散了建筑学和城市学。

我们告知自己，正因为所学是建筑，是城市，所以应该有自己的立场和时间坐标。这一次，我们把时间向前漂移了一下，将立场站在今天日常生活的平台上，与曾经思想和学说对话。也就是说，这个故事的实践是过去的未来，但还不是今天。

课题地点是深圳、北京的城市空隙；人物是“他们”也是我们自己。

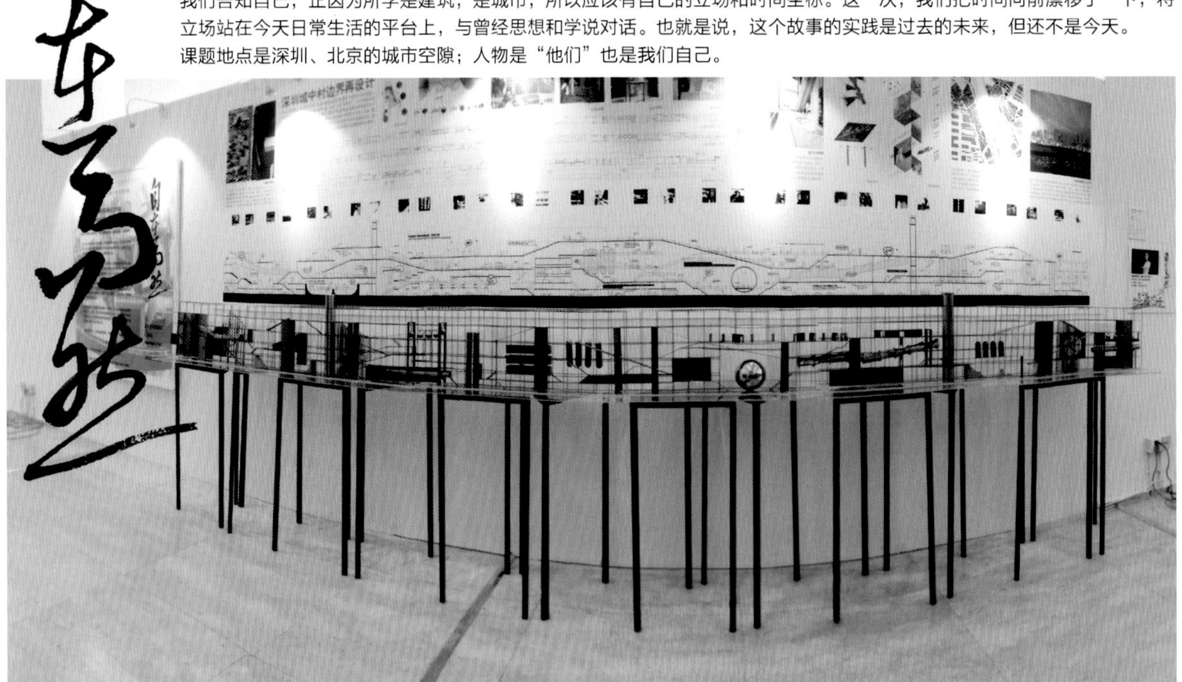

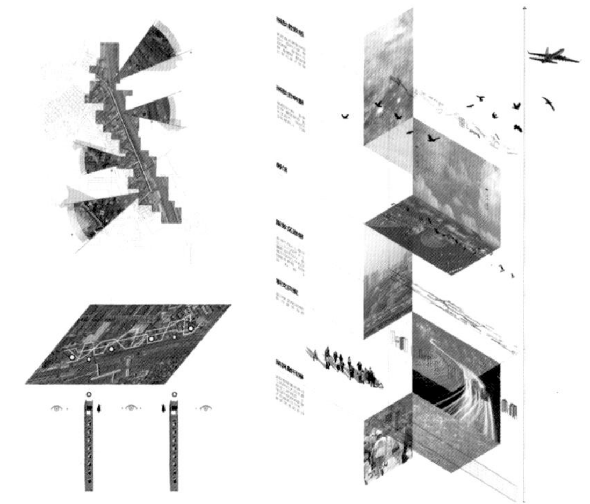

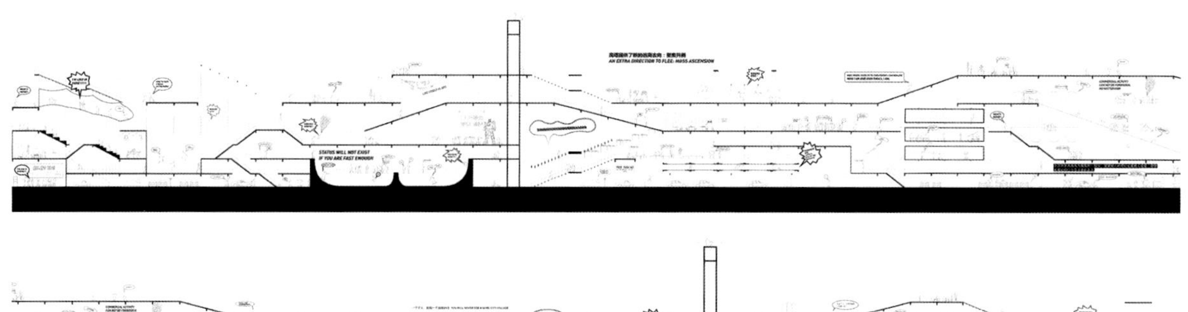
AN EXTRA DIRECTION TO FLEE: MASS ASCENSION
STATUS WILL NOT EXIST
IF YOU ARE FAST ENOUGH

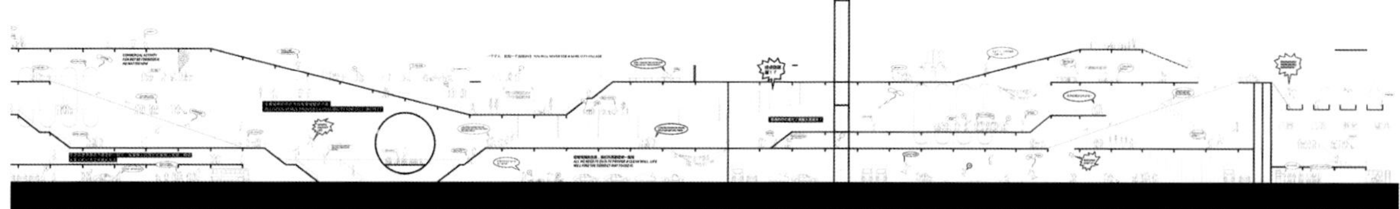

圣玛丽亚公园——上海市长宁区中山公园城市设计

作　者　李亚先

指导老师　虞大鹏　李琳　苏勇

设计说明

这次毕设的基地选择位于上海市中心城区，为中山公园商业区改造的一部分。为了增强本地区在上海市的影响力及加大文化娱乐发展与创造新生活理念空间，同时能够保留作为张爱玲、罗小未等人母校的原圣玛丽亚女子中学的历史建筑和原有校园空间效果。在尊重原有的校园空间与历史保护建筑的基础上，通过退台式建筑、内外交错的流线以及逐层变化的立体公园，将商业综合体打造成一个具有现场性与互动性的城市公共空间。为在互联网商业冲击下出现疲软的实体商业环境添加活力与激情。

中央美术学院
建筑学院

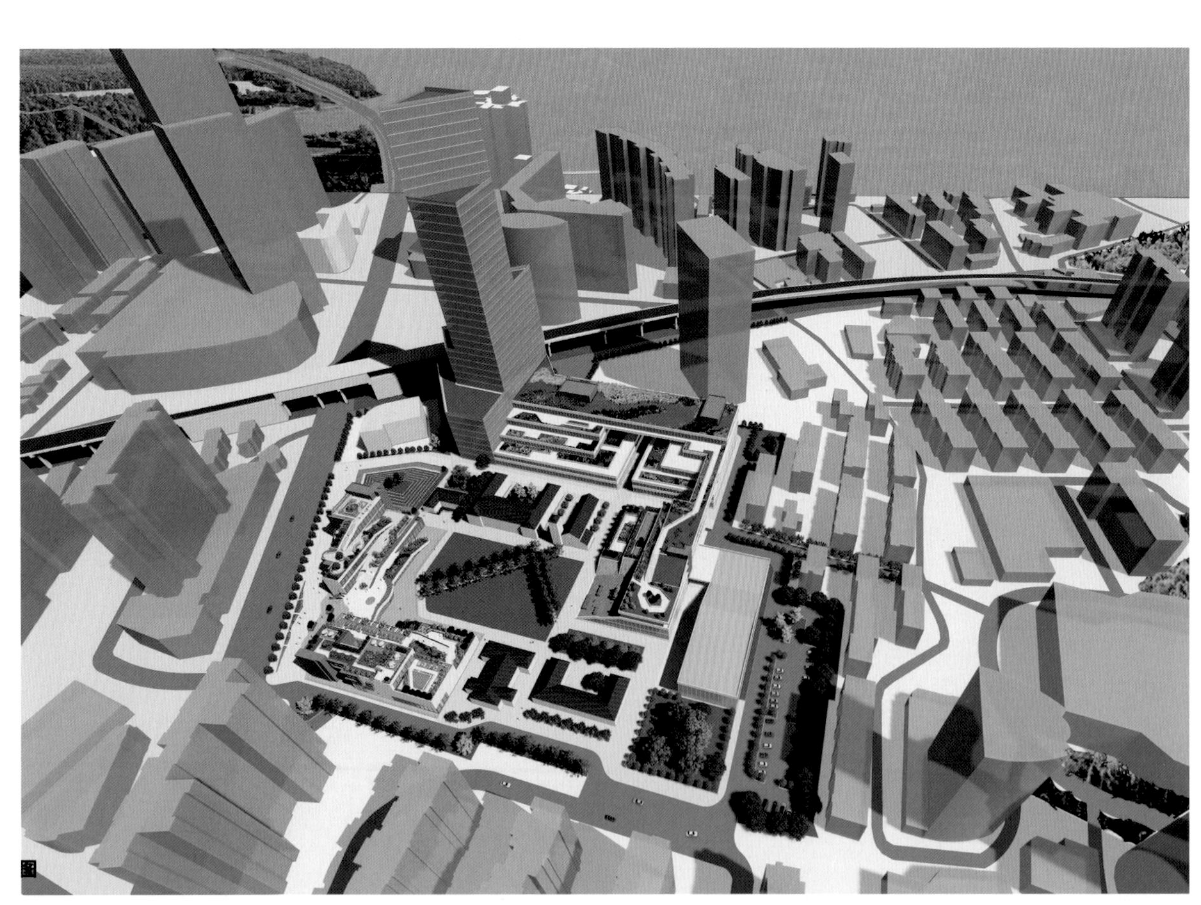

图

区域地位分析

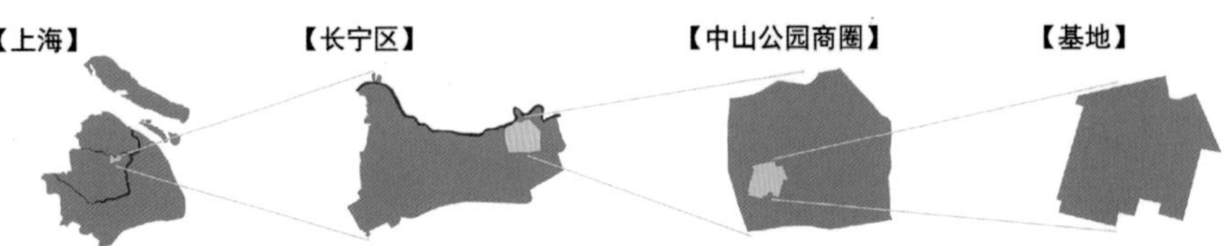

【上海】	【长宁区】	【中山公园商圈】	【基地】
中国中心城市，国家的经济、金融、贸易、航运中心	建成精品城区、活力城区、绿色城区	成熟的涉外居住环境，便利的交通，开放的城市公园，利民政策	基地面积6公顷，原是圣玛丽亚女子中学的校址，地下现有通车营运之轨道交通

人口组成

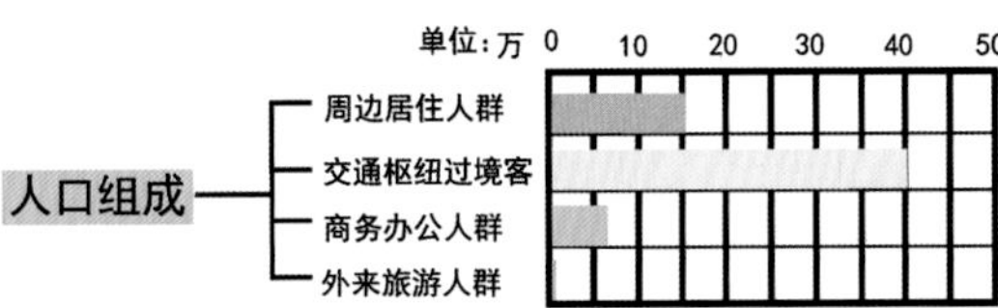

人口活动分析

人群	活动	消费类型
周边居住人群	综合性购物娱乐休闲，聚会，餐饮生活服务	配套性生活消费
商务办公人群	商务酒店，酒店式公寓，会议中心，大型正餐及商务餐饮，时尚品牌购物，银行，快递，租赁，中介等专业服务	专业性商务消费
外来旅游人群	宾馆，商务酒店，时尚品牌购物，特色美食，旅游纪念品，银行，邮政等服务	体验型旅游消费
交通枢纽过境人群	综合性购物餐饮，生活服务，体育，文化，休闲娱乐服务	综合性生活消费

存在问题

周边活动空间

体育馆与周边商业关系

人口活动分布

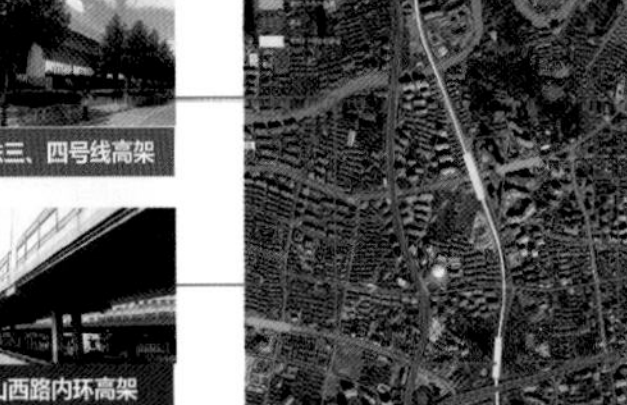

东西高架桥阻碍了基地和体育馆同商业中心的沟通

地铁2号穿越地块，地铁盾构范围前以外10米内不得建造100米塔楼；15米以内不得建造150米以内塔楼

地块内有原学校历史保护建筑，专家及政府要求尽量保留原有校园空间效果

5栋老建筑物保护保留，钟楼为历史保护建筑，需现状保留不得拆建及改造

其他4栋可以拆除重建，但必须原貌恢复

基地分析

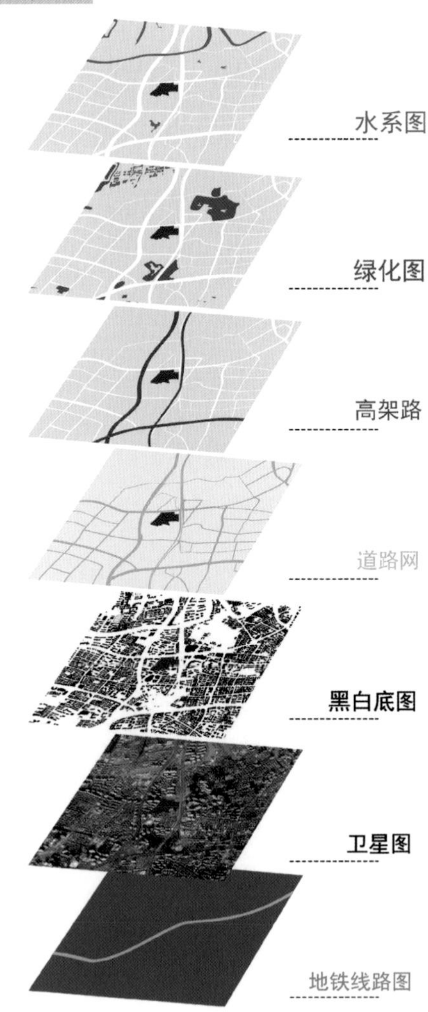

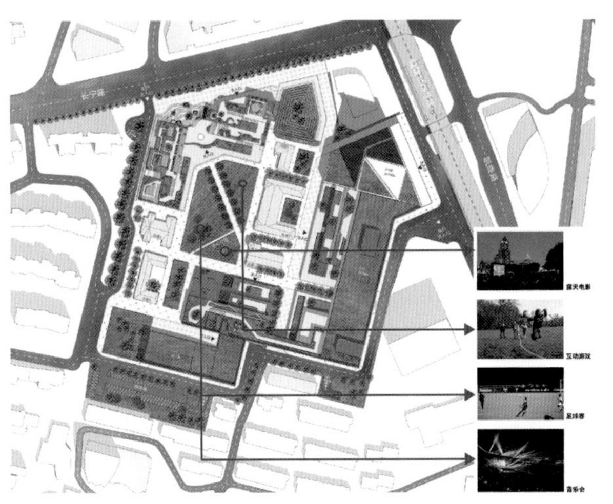

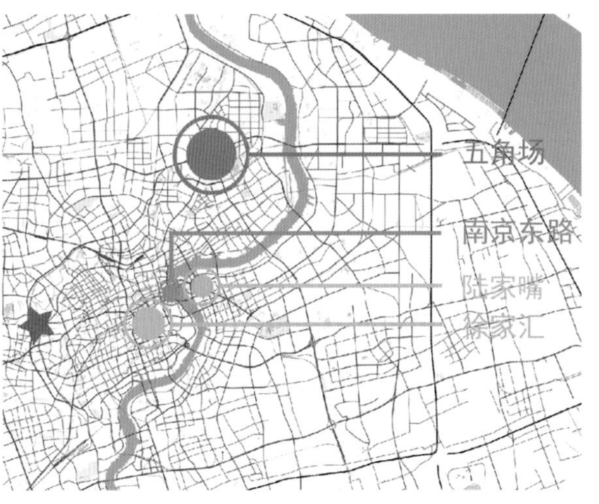

商圈业态分析

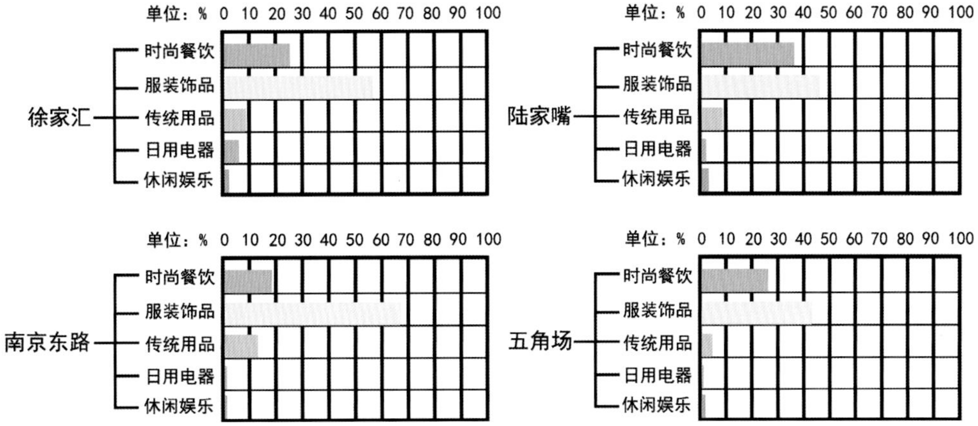

单位：% 0 10 20 30 40 50 60 70 80 90 100

徐家汇：时尚餐饮、服装饰品、传统用品、日用电器、休闲娱乐

陆家嘴：时尚餐饮、服装饰品、传统用品、日用电器、休闲娱乐

南京东路：时尚餐饮、服装饰品、传统用品、日用电器、休闲娱乐

五角场：时尚餐饮、服装饰品、传统用品、日用电器、休闲娱乐

多元体系重组

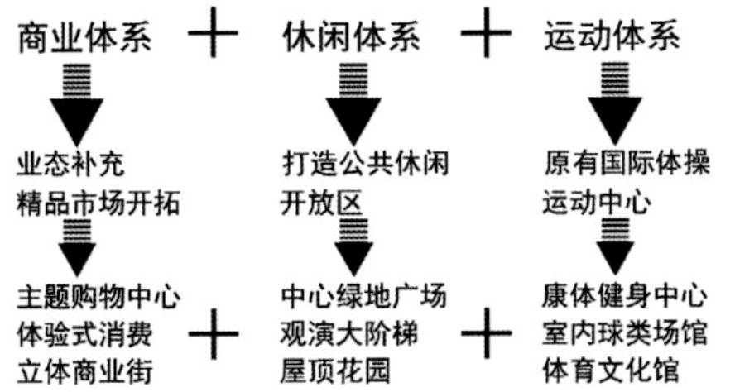

商业体系 + 休闲体系 + 运动体系

商业体系	休闲体系	运动体系
业态补充 精品市场开拓	打造公共休闲 开放区	原有国际体操 运动中心
主题购物中心 体验式消费 立体商业街	中心绿地广场 观演大阶梯 屋顶花园	康体健身中心 室内球类场馆 体育文化馆

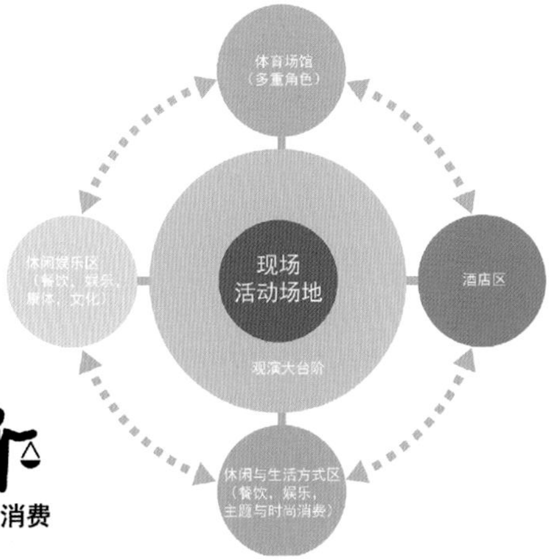

公共休闲 → 举办活动 → 增长人气 → 商业消费

体育场馆（多重角色）

休闲娱乐区（餐饮，娱乐，康体，文化）

现场活动场地

观演大台阶

酒店区

休闲与生活方式区（餐饮，娱乐，主题与时尚消费）

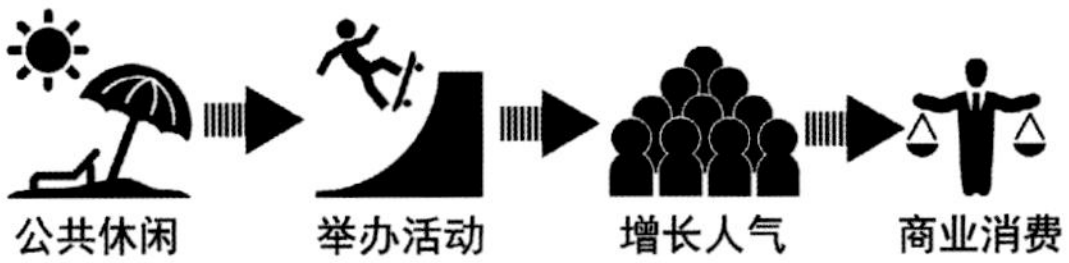

基地规划

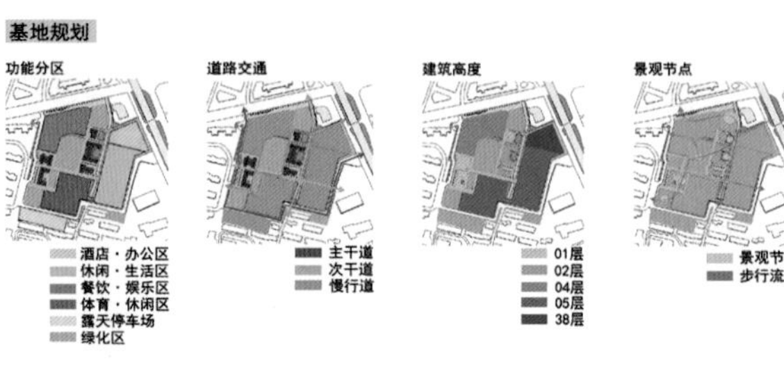

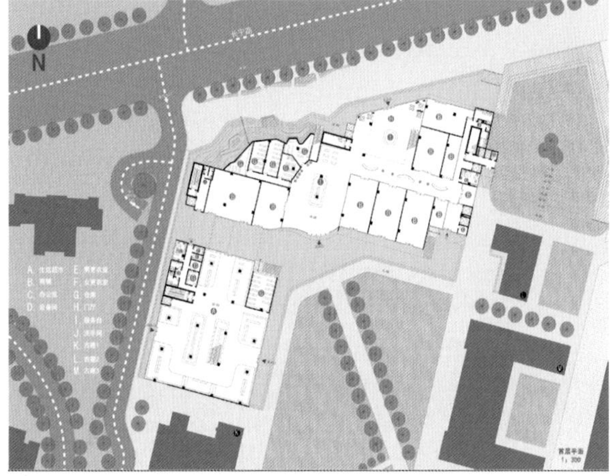

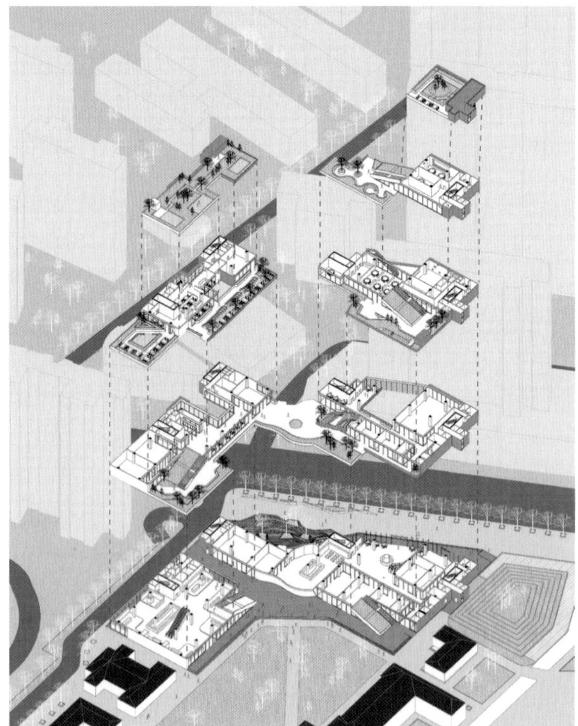

体量生成

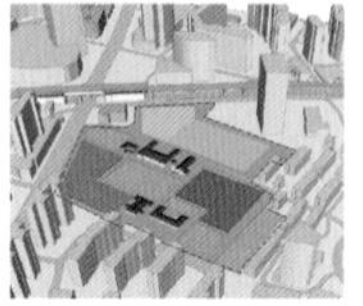

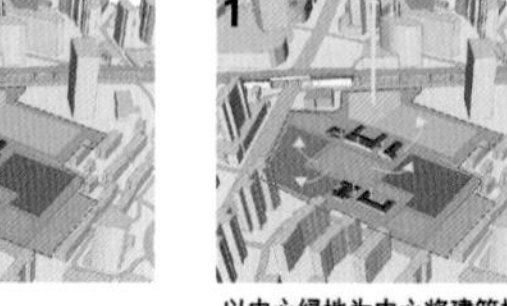

1 以中心绿地为中心将建筑抬升

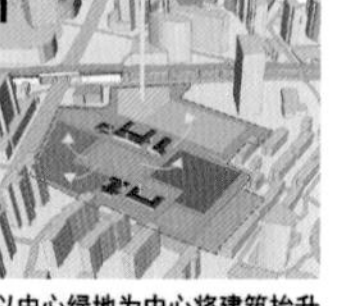

2 根据保护建筑高度与周边建筑高度，将建筑做阶梯状抬升

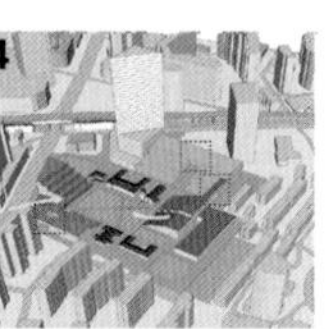

3 依据原校园空间体量将建筑做适量划分

4 通过空中连廊将建筑联系起来，并设计观赏大台阶

5 将景观引上屋顶，使建筑变成立体公园

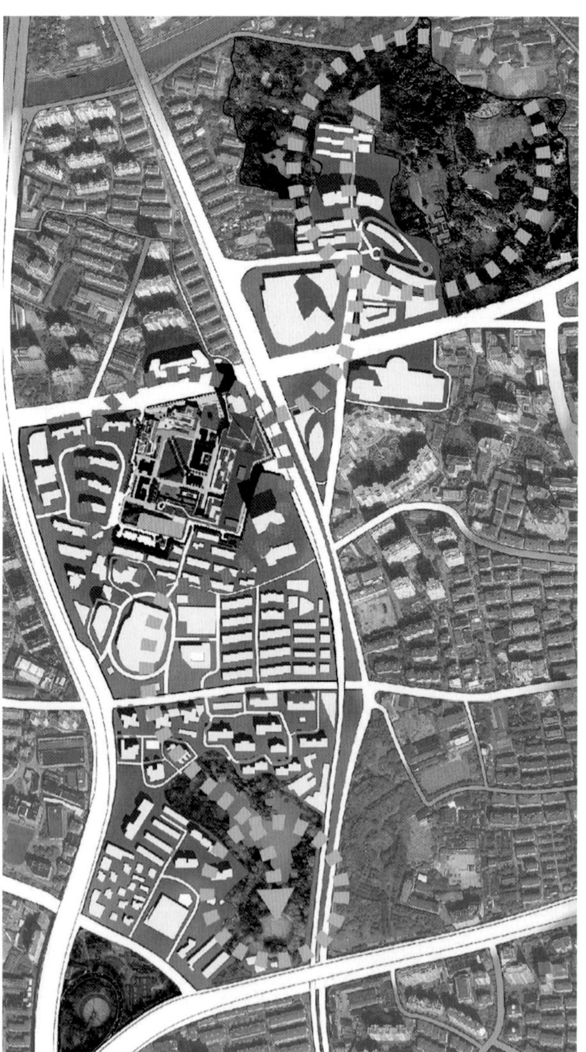

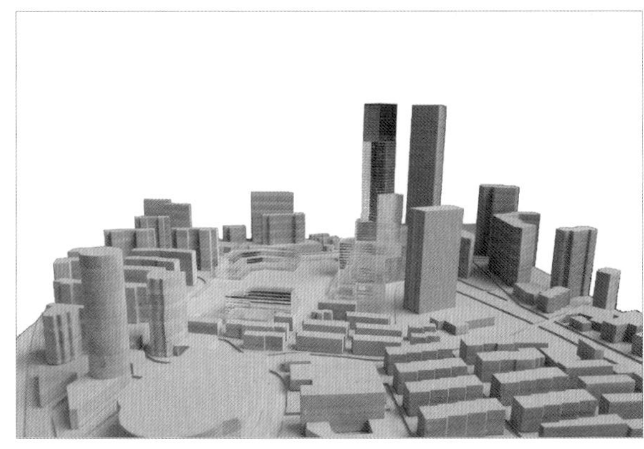

象山艺术公社剧场

作　者　关茂铟

指导老师　李凯生　董莳

设计说明

设计场地位临象山艺术公社公共广场东面，在前期总体规划上，南岸为滨水步行街。项目主要功能为小型剧场兼报告厅的演出和会议，同时要满足广场上展览和表演的临时使用要求。剧场不局限于任何语言，它具有诗性，于其中瞬时的发生导向的是生命的元气，而元气源于自然。在总体的设计上，破除固定使用模式，让空间具有舞台临时调度性。探讨空间的双重意义问题。同时对园林的构筑元素进行形式转译，营造具有玩悟性质的空间类型，体验剧场空间所具有的真实性。

中国美术学院

建筑与景观设计学院

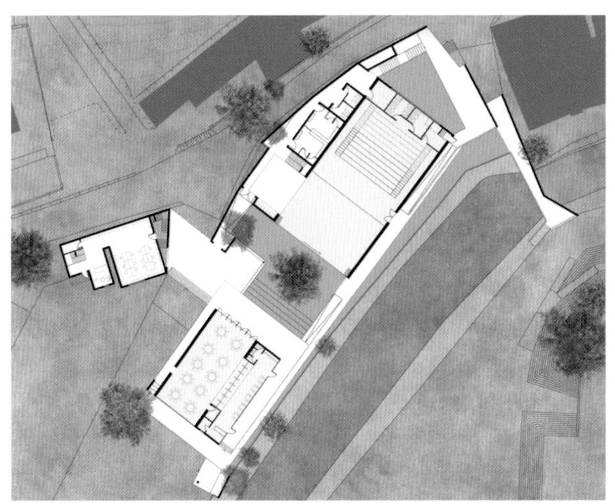

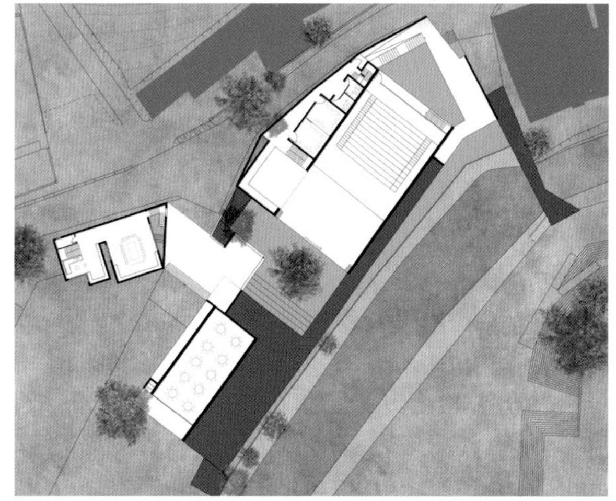

UNDERROOF

作　者　伍时睿　梁云鹏

指导老师　助川刚　罗瑞阳　张天臻

中国美术学院
建筑艺术学院

设计说明

从去年十二月份开始，本届环境艺术系的毕业设计正式展开。其中，我们选择了「智造创新长廊」的方向。在毕业设计的进程中，我们以屋顶作为主题，推出了超大型地下空间。「UNDERROOF」这个词基于「UNDERGROUND」创造而出。尽管「UNDERGROUND」已为「地下」的意思，但是并不足以概括我们的方案。我们的方案有一个非常显著的特点——地面只有屋顶和景观，所有的功能全部放置于地下。所以，屋顶不仅仅成为了地面上的风景，更是地下的风景。在这里，「UNDERROOF」便能概括「屋顶以外」、「屋顶以内」这两大特点。

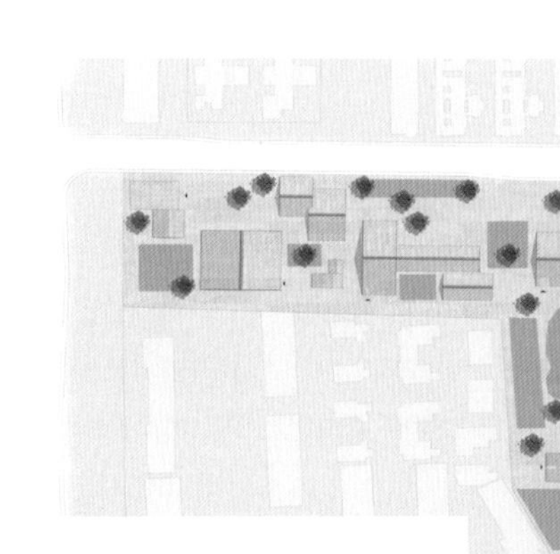

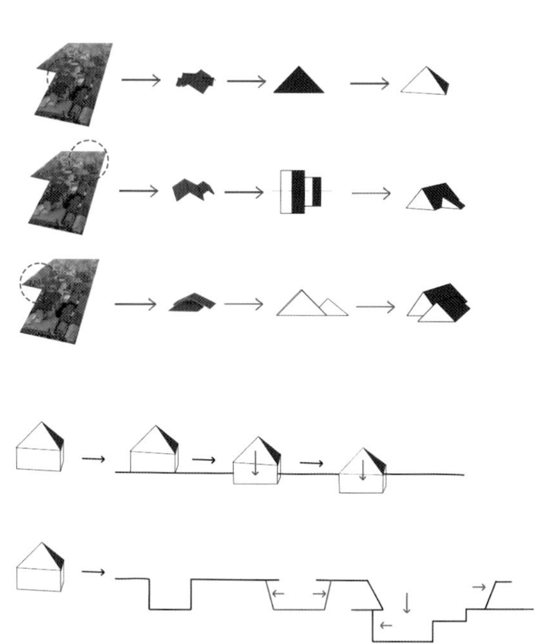

循尽美术馆

作　者　陈鑫

指导老师　李凯生　董荷　王勤

设计说明

作品从场地出发。选址象山公社自然环境段，将以美院、浙音及象山公社中心的艺术链条，同周围大片的居住生活链条相结合，创造艺术与生活相融合的美术馆。设计由原有建筑肌理及地势地貌入手，将原来封闭的场地通过「交通」激活。在连续的围合状筒体上，插入五个独立的节点，它们对外完全开放，作为公园的角色。节点将连续环状的展厅分为五段，通过调节节点与展厅间的「开关」，组合不同的展出方式。水面做不同的水位处理，展现不同的状态。由水满到水无，池中不同高差的地面为人们提供了不同的观展平台，当水无时，池底变成被环绕着的大舞台。同时打通屋顶交通，亦可作为室外展廊，去观看池中的展出。

中国美术学院
建筑艺术学院环境艺术系

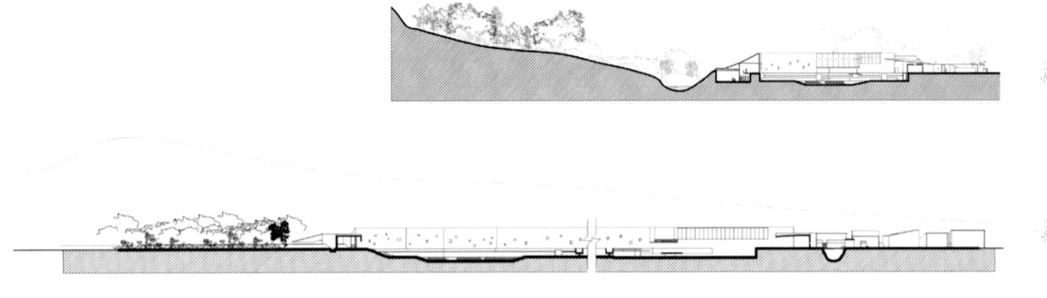

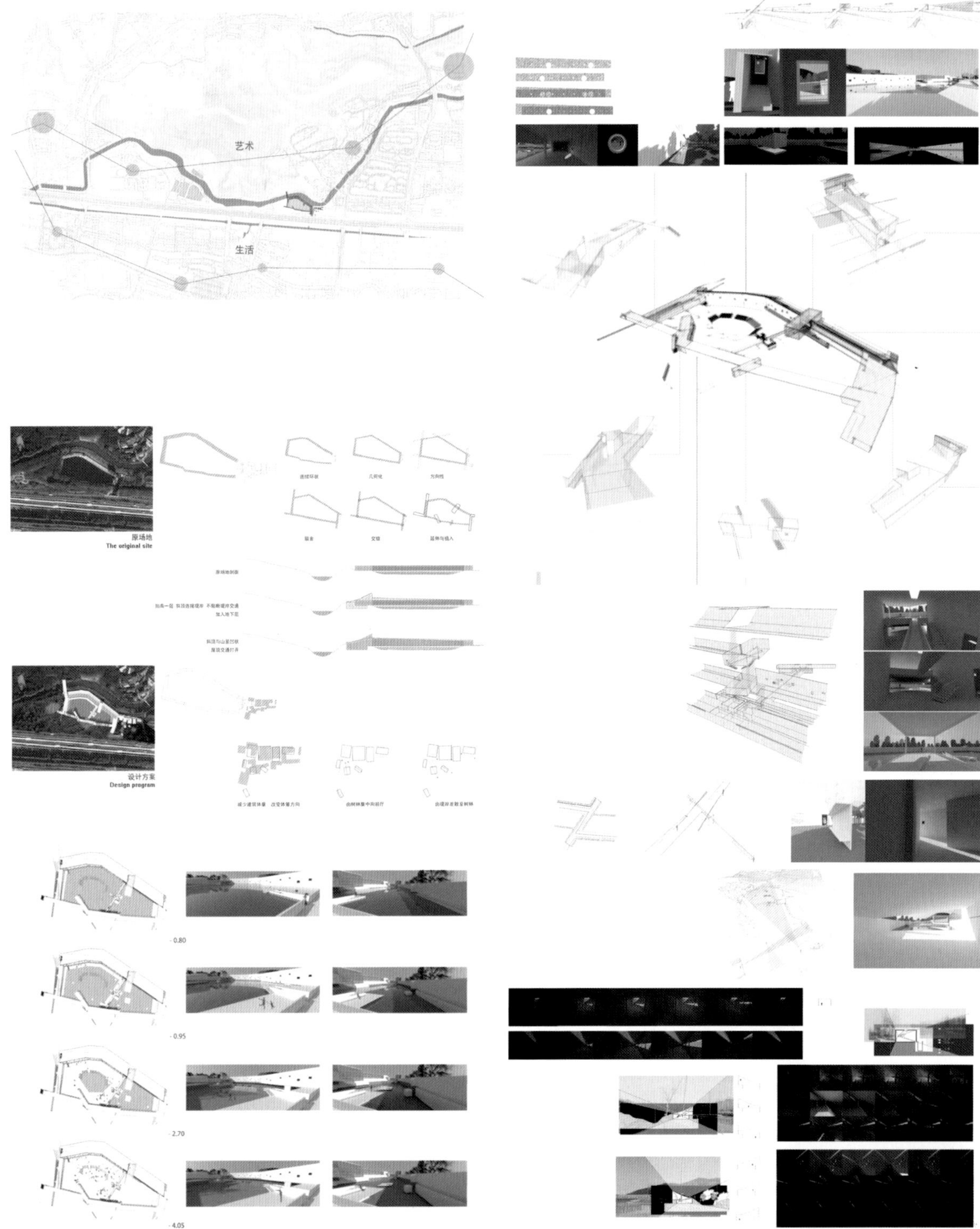
艺术
生活
原场地
The original site
几何化
方向性
交错
延伸与插入
原场地剖面
加入地下层
屋顶交通打开
设计方案
Design program
减少建筑体量 改变体量方向
-0.80
-0.95
-2.70
-4.05

象山艺术公社管委会改造

作　者　仝昭祥

指导老师　李凯生　董莳　王勤

设计说明

中国的快速化城市进程大都围绕着经济高速发展的目的去实施，大量以经济为主体的城市发展迅速，但是由于执勤断裂式的文化影响，使人们对于过去的村镇模式与格局产生了错误的判断，大量的传统村镇受到来自西方城市化格局的冲击，大量的传统村镇被破坏，人流向城市聚集，村镇土地被征集开发，一切的一切都往着一个同一化的方向去发展，城市变得千篇一律，变得缺失回忆，缺少真正的中国特色，无法适宜中国文化的发展根基，同时过于物质化的城市发展模式使人们对于价值观的建立与认同变得物质，对于精神层面的追求则变得稀缺，整个社会在道德思想上水平不断下降，所以寻找可以扭转这一系列社会问题的方法变得迫在眉睫。

中国美术学院

建筑艺术学院环境艺术系

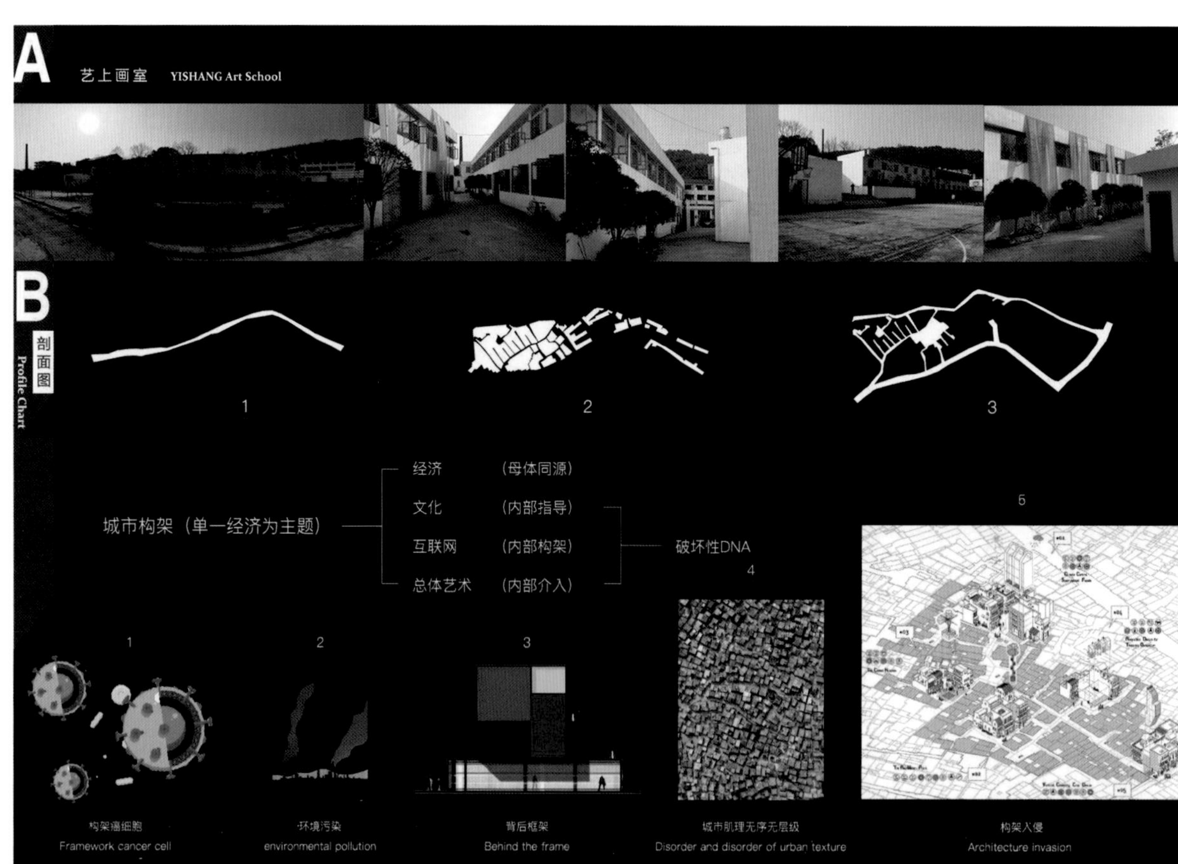

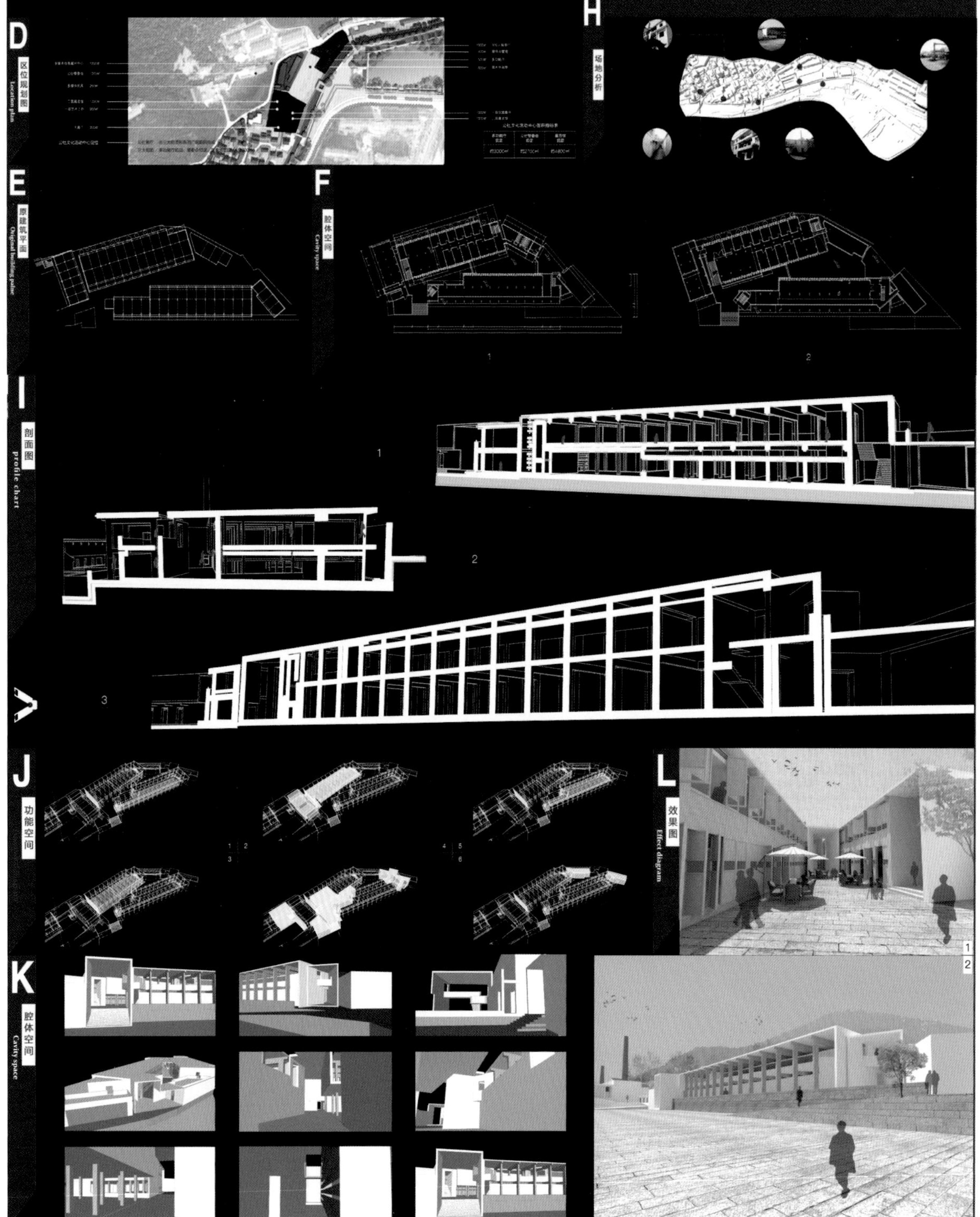
D
区位规划图
Location plan
H
场地分析
E
原建筑平面
Original building palne
F
腔体空间
Cavity space
1
2
I
剖面图
profile chart
1
2
3
J
功能空间
1
2
3
4
5
6
L
效果图
Effect diagram
1
2
K
腔体空间
Cavity space

重构剧场

作　者　吴冰

指导老师　李凯生　董莳　王勤

设计说明

围绕着剧场无数人展开关于真实和虚假二元之间的讨论。亚里士多德体系下的戏剧是摹仿神话文本的幻觉舞台，中世纪的神秘剧被认为是景观一词的原意。

20 世纪 60 年代，激进的左派抨击了屏幕和图像背后的资本诡计以及对人的异化，这提示了剧场幻象与大众媒体之间的沿袭关系，媒体的画面传播和中世纪那些巡回的神秘剧一样，使观看者忘记自身受压迫的处境，无法形成有效的阶级意识，从而无法反抗。

朗西埃也指出剧场是消极与被动性的舞台，应该被拆除，观众应该得到自由和解放。但是大多数对景观的批判最后总是依附于一个景观的形式。

基于对文本和观念的整理以及它们之间的联系的建立，我试图重新构建剧场的空间体系，从空间维度和时间维度上分解惯有剧场，重新构建一个合适的形式来承载剧场中反对景观与剧场幻象的实践，使戏剧在进行内容上的景观批判时可以不依附于一种景观的形式，有意地以剧场作为一个工具驱使自己以全新的眼光打破迷梦看待世界和社会。

中国美术学院

建筑艺术学院环境艺术系

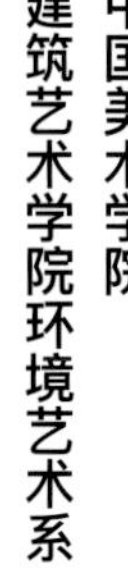

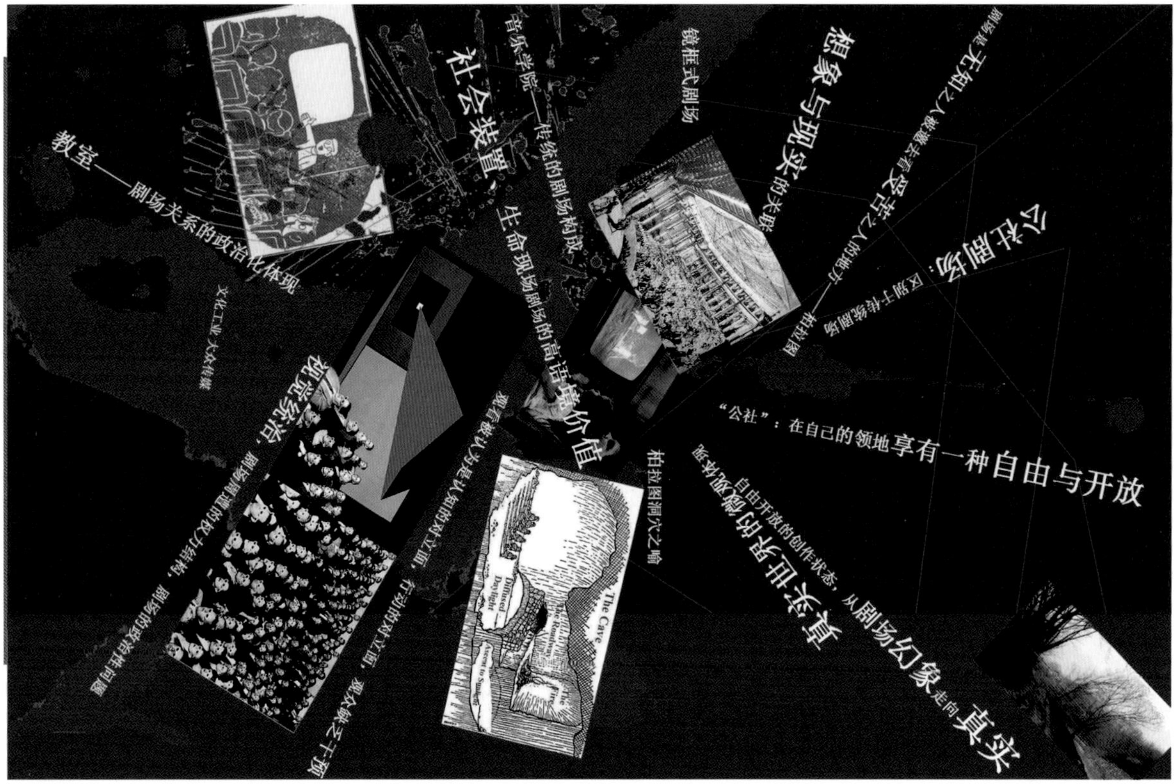

幕间 INTERLUDE
上一幕结束到下一幕开始之间休息的时间
逃逸
被分离的舞台事件之间等待与想象的空间
观众席 AUDITORIUM
在划定给观众观演的大厅里，依据票值来决定的席次
扩散

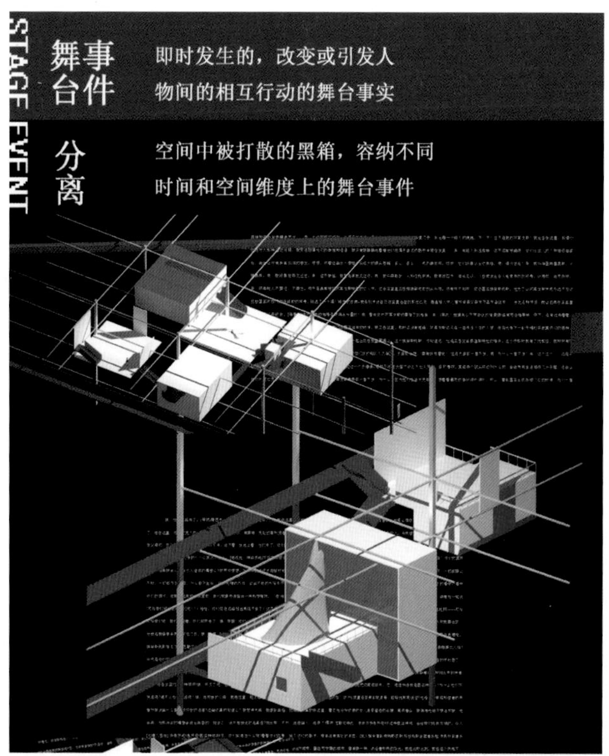
舞台事件 STAGE EVENT
即时发生的，改变或引发人物间的相互行动的舞台事实
分离
空间中被打散的黑箱，容纳不同时间和空间维度上的舞台事件

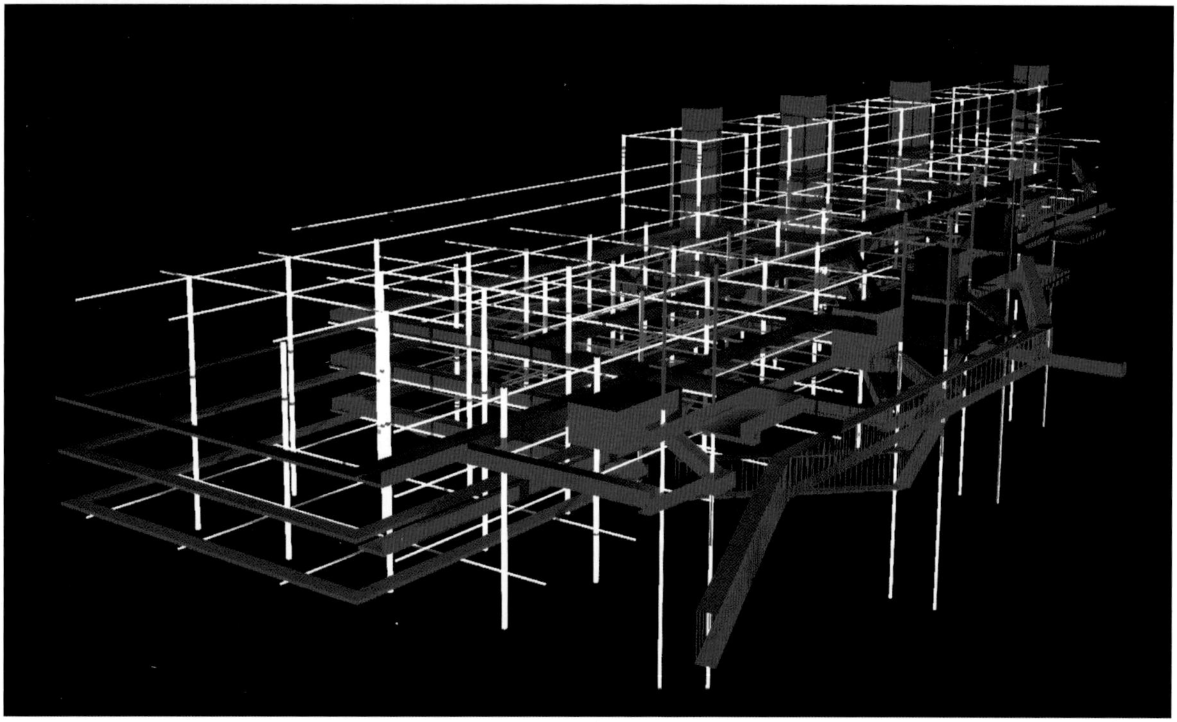

济南泉城公园儿童活动区改造

作　者　沈嘉莹

指导老师　邵力民

设计说明

泉城公园儿童活动区，其圆滑的三角形造型灵感来源于济南蜿蜒秀美的山体，济南邻近泰山，场地的划分与场地内的小地形的设计灵感来源于济南多山的地域特点，在场地内，创造丰富的地形可以呼应济南的多山的地势特色，同时这种起伏的地形变化也能够给儿童活动带来丰富的空间体验。同时我通过调查问卷的方式发现原场地现有的问题，从而将整个场地分区、调整、设计。

山东工艺美术学院
建筑与景观设计学院

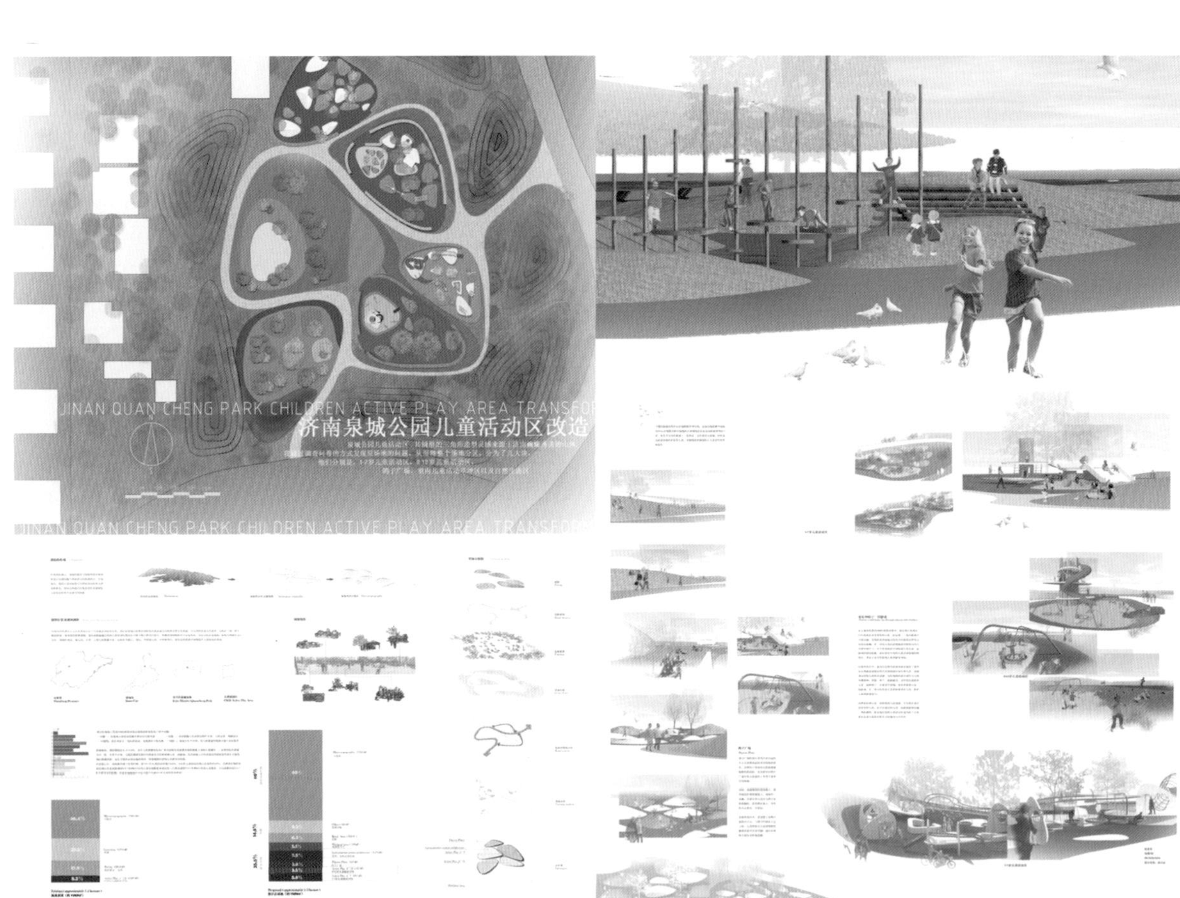

野线园——济西货运中心景观改造

作　者　罗志阳　邹星汉

指导老师　吕桂菊

设计说明

随着目前城市化进程快速推进，城市建设正处于高速发展期。在建设开发的过程中，大量的铁路因为承运量的减少、新型铁轨应用、工业用地遗留等原因，致使被废弃沦为时代的烙印和回忆。那些穿行于城市与城郊之间的废弃铁路逐渐显现出很多环境、社会等问题。我们意在创造出为这个拥挤的城市提供更多的绿色公共空间；改变市民们对于这一破旧的、蔓草丛生的、杂乱无章的铁路印象；还原其历史价值，为居民创造一个可以产生集体回忆的场所；以此设计方案作为复原那些城市建设中已经失去生命力的「灰空间」的蓝本。使其成为安全的、健康的、具有活力且可持续发展的城市公共空间。

山东工艺美术学院
建筑与景观设计学院

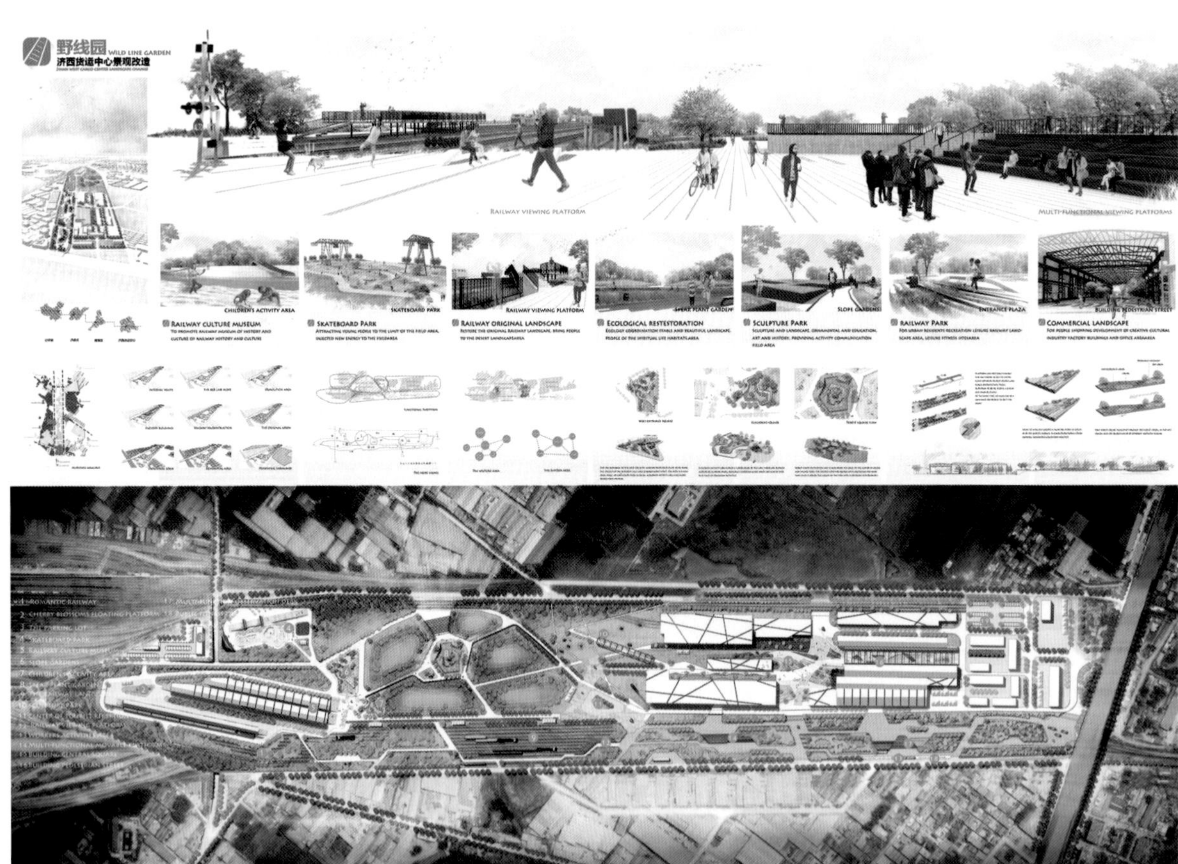

CHILDREN'S ACTIVITY AREA

SKATEBOARD PARK

RAILWAY VIEWING PLATFORM

RAILWAY CULTURE MUSEUM

TO PROMOTE RAILWAY MUSEUM OF HISTORY AND CULTURE OF RAILWAY HISTORY AND CULTURE

SKATEBOARD PARK

ATTRACTING YOUNG PEOPLE TO THE LIMIT OF THE FIELD AREA, INJECTED NEW ENERGY TO THE FIELDAREA

RAILWAY ORIGINAL LANDSCAPE

RESTORE THE ORIGINAL RAILWAY LANDSCAPE, BRING PEOPLE TO THE DESERT LANDSCAPEAREA

SLOPE GARDENS

ENTRANCE PLAZA

BUILDING PEDESTRIAN STREET

SCULPTURE PARK

SCULPTURE AND LANDSCAPE, ORNAMENTAL AND EDUCATION, ART AND HISTORY, PROVIDING ACTIVITY COMMUNICATION FIELD AREA

RAILWAY PARK

FOR URBAN RESIDENTS RECREATION LEISURE RAILWAY LANDSCAPE AREA, LEISURE FITNESS SITESAREA

COMMERCIAL LANDSCAPE

FOR PEOPLE SHOPPING DEVELOPMENT OF CREATIVE CULTURAL INDUSTRY FACTORY BUILDINGS AND OFFICE AREAAREA

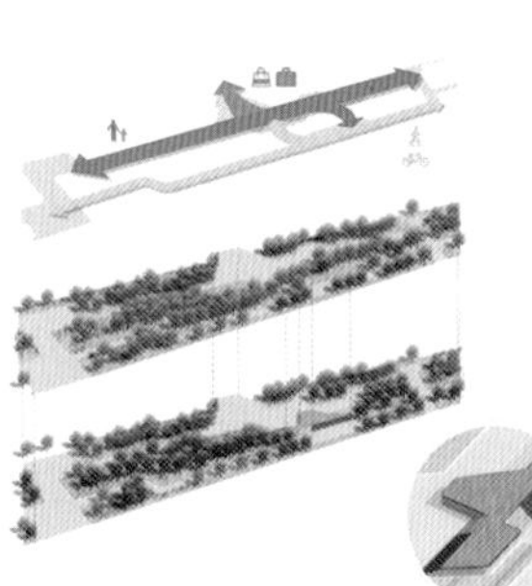

PLATFORM CAN NOT ONLY CHANGE THE WAY PEOPLE ACCESS TO DISTINGUISH BETWEEN TOURIST ROUTES AND PUBLIC RECREATIONAL TRAILS. PLATFORM TO BRING PEOPLE A DIFFERENT VIEWING PLACES . AT THE SAME TIME, HE ALSO CAN BE A CAN PLACE FOR PEOPLE TO REST THE PARTY

GRASS TO SHALLOW GROOVE IS PLANTING HERBS IN DITCHES IN THE EARTH'S SURFACE, IS A MULTIFUNCTIONAL STORM CONTROL, RAINWATER COLLECTION FACILITIES

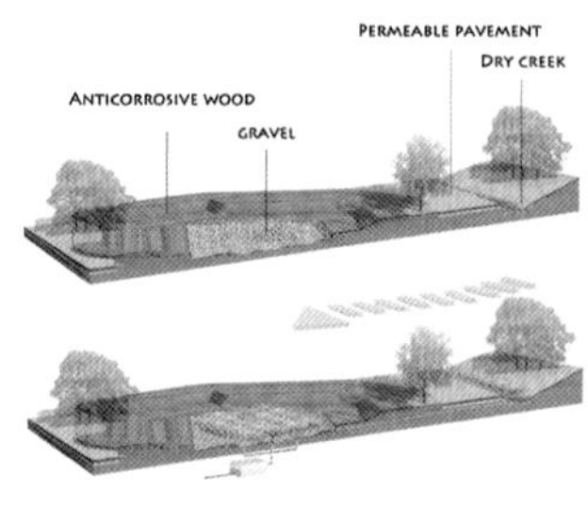

RAIN FOREST SQUARE COLLECTED THROUGH "DRY CREEK" MODEL, IN THE WET SEASON AND DRY SEASON WATER OF DIFFERENT AESTHETIC FEELING

坡面公园——济南市槐荫区西客站片区社区公园概念设计

作　者　许翔洲

指导老师　邵力民

设计说明

本案的设计灵感源自于折纸，将整个场地视为一张覆盖在大地上的水泥质的「纸张」，通过将「纸」的边缘折叠起来，裸露出自然的土地；同时折起的部分形成了一个个坡面，既拓展了人们的视野范围，也温和地分割了空间。

山东工艺美术学院
建筑与景观设计学院

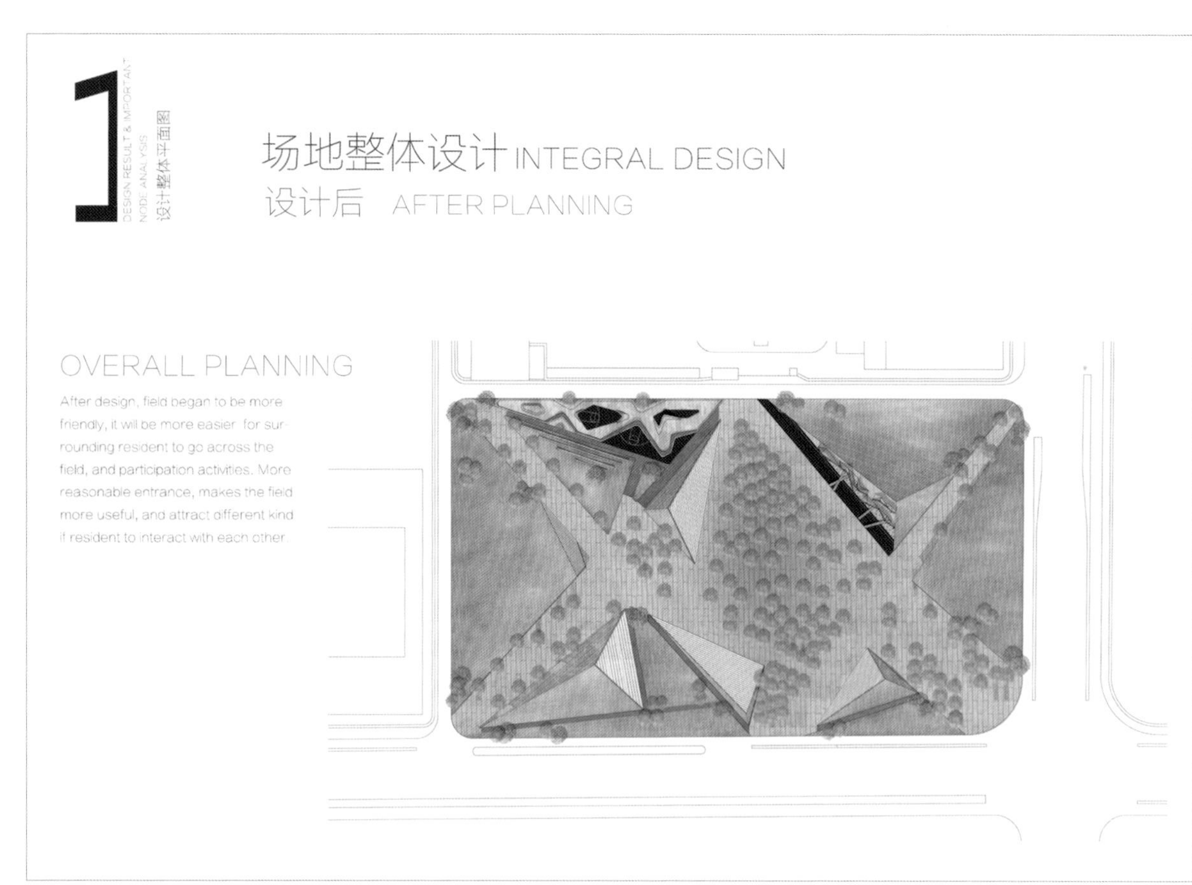

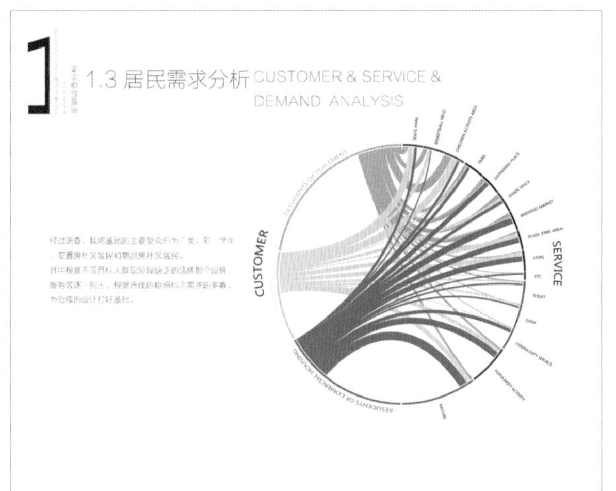
1.3 居民需求分析 CUSTOMER & SERVICE & DEMAND ANALYSIS
CUSTOMER
SERVICE

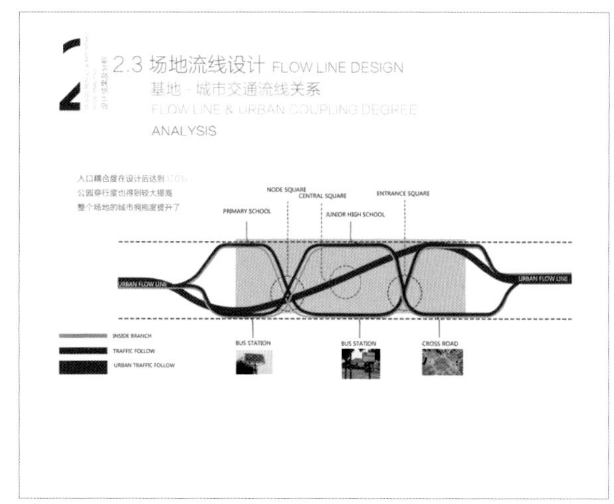
2.3 场地流线设计 FLOW LINE DESIGN
基地 - 城市交通流线关系
FLOW LINE & URBAN COUPLING DEGREE ANALYSIS
URBAN FLOW LINE
BUS STATION
CROSS ROAD

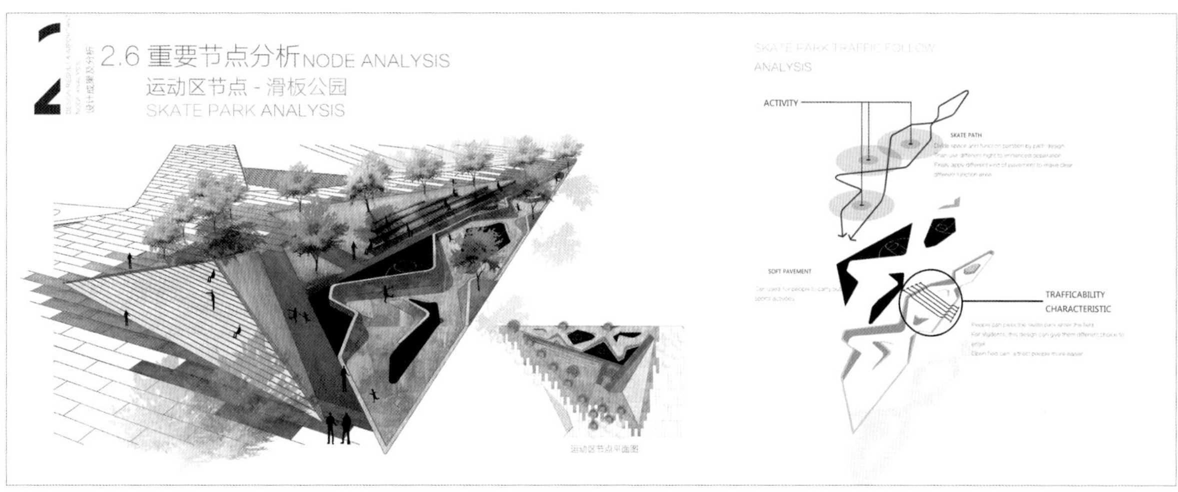
2.6 重要节点分析 NODE ANALYSIS
运动区节点 - 滑板公园
SKATE PARK ANALYSIS
ACTIVITY
SKATE PATH
SOFT PAVEMENT
TRAFFICABILITY CHARACTERISTIC
运动区节点平面图

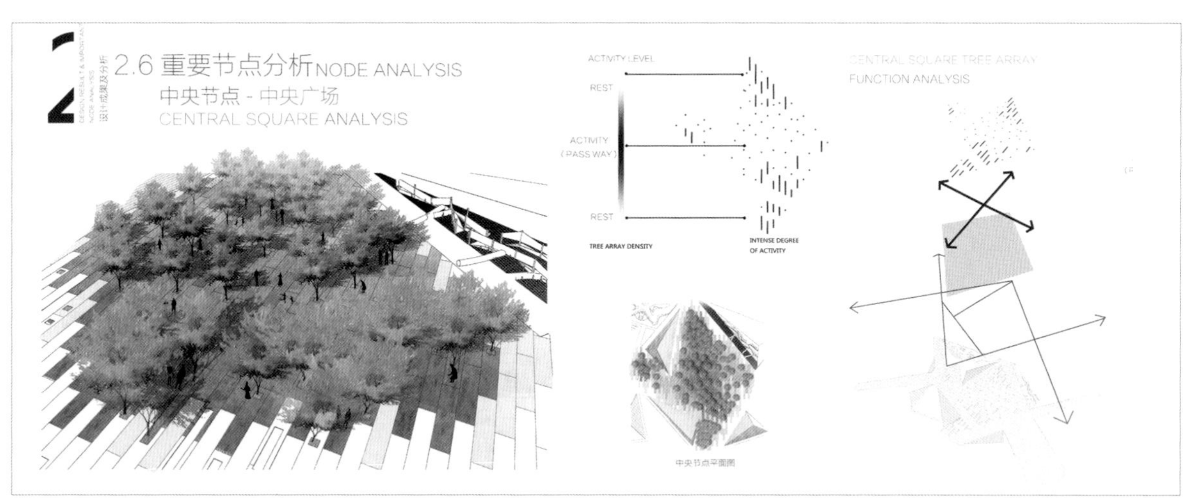
2.6 重要节点分析 NODE ANALYSIS
中央节点 - 中央广场
CENTRAL SQUARE ANALYSIS
ACTIVITY LEVEL
REST
ACTIVITY (PASS WAY)
REST
TREE ARRAY DENSITY
INTENSE DEGREE OF ACTIVITY
CENTRAL SQUARE TREE ARRAY FUNCTION ANALYSIS
中央节点平面图

大工厂——潍坊柴油机厂改造

作　者　吕鉴非　赵瑞达　张安翔
朱凯　魏世诚

指导老师　王洪书

设计说明

在城市的现代化发展进程中，太多古老的城市记忆被抹去，现代人接受新事物的同时却慢慢淡忘了历史。潍坊柴油机厂在潍坊历史上具有里程碑式的意义，其成立于 1946 年，不仅老一辈的潍坊人心中对其有着不可撼动的地位，现在的每个人都与其有着千丝万缕的联系。随着厂房搬迁，为使它的灵魂与城市记忆得以传承，现对其进行全方位规划改造，令其成为新时代的城市地标性建筑群。

山东工艺美术学院
建筑与景观设计学院

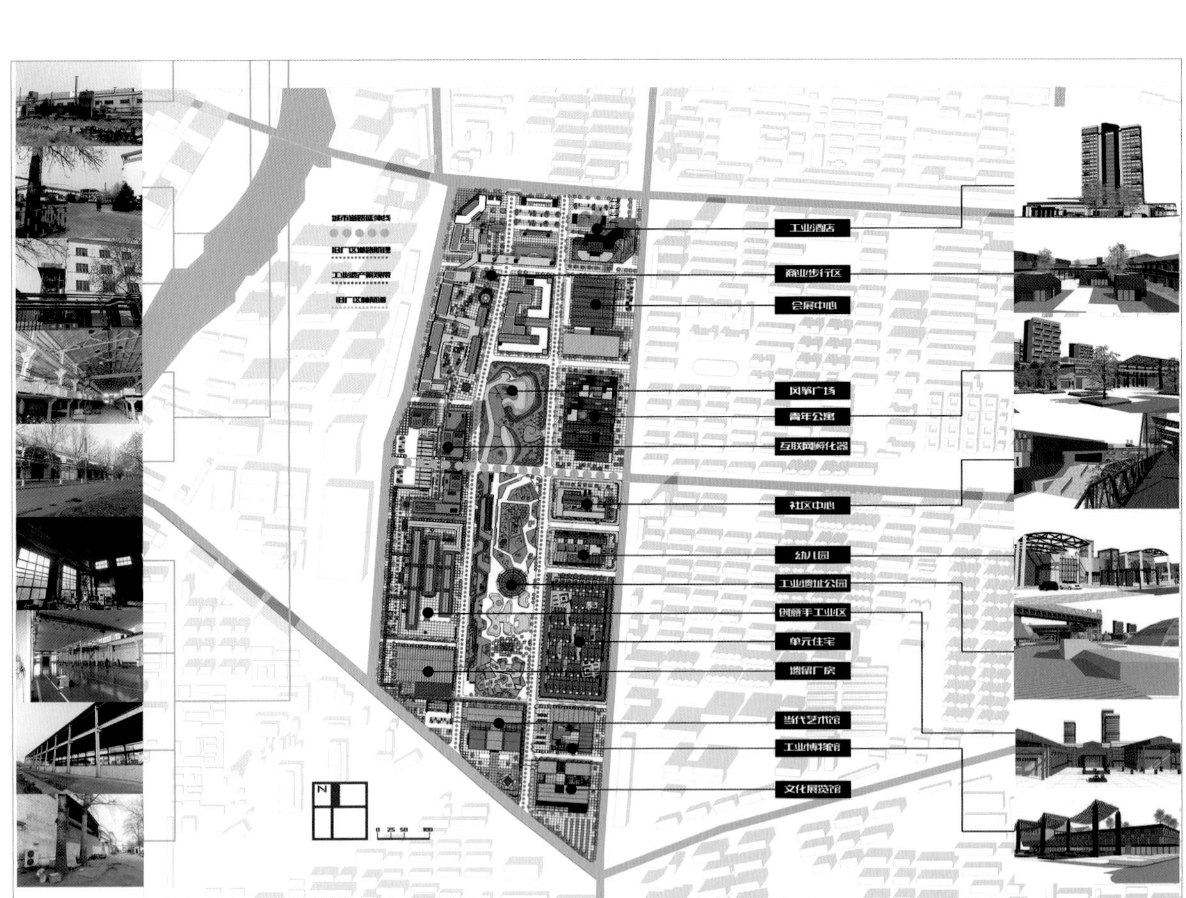

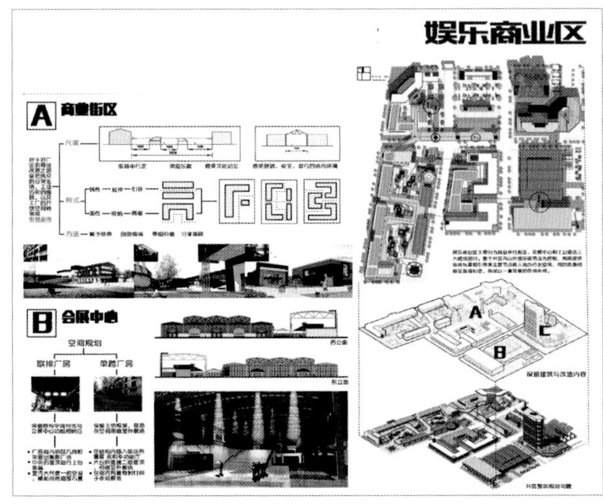
娱乐商业区
A 商业街区
B 会展中心
空间规划
联排厂房
单跨厂房

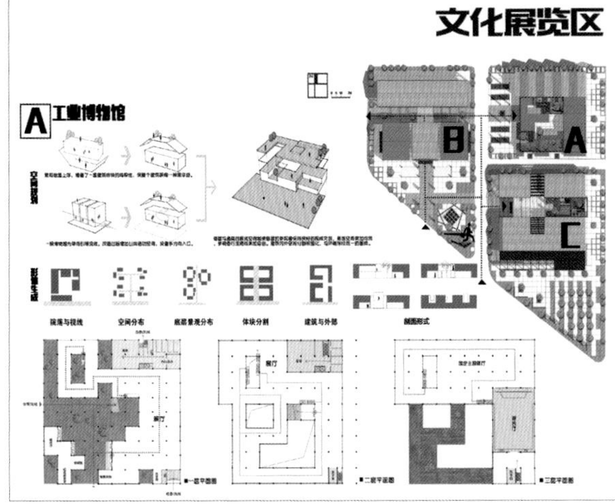
文化展览区
A 工业博物馆
B
C

大工厂
潍坊柴油机厂改造

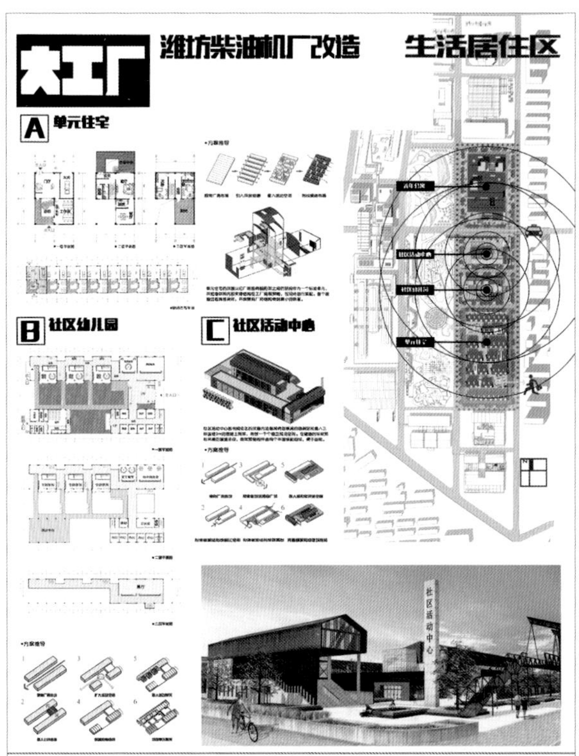
大工厂
潍坊柴油机厂改造
生活居住区
A 单元住宅
B 社区幼儿园
C 社区活动中心

社区活动中心

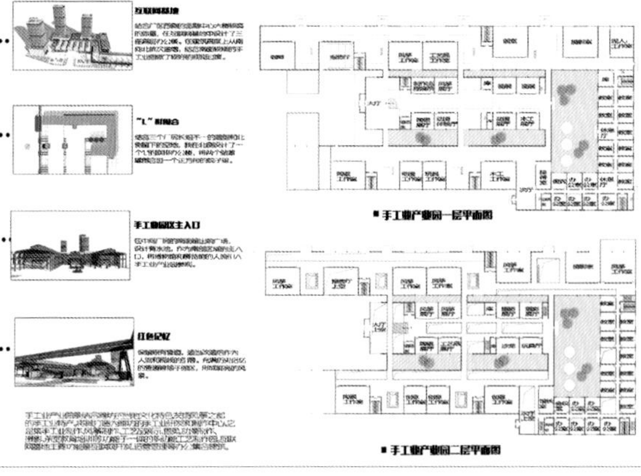
创意产业园
手工业园区主入口
手工业产业园一层平面图
手工业产业园二层平面图

仓街十号

作　者　邓宵亮

指导老师　何夏昀　李致尧

广州美术学院
建筑与景观设计学院

设计说明

仓街十号曾经是一座著名的监狱。

作为生长在这座城市中的孩子，我对苏州老城有着难于言表的情感。初中走读那段时间，我每天都会经由干将路，注意到还未拆迁的苏州第三监狱，2009 年监狱迁出古城，此后那片闲置地成了市民茶余饭后的谈资。当得知这里将要开发为商业区时，我的感受是复杂的，私以为以商业区覆盖这片用地是欠妥的。我希望能够给出相对妥当的解决方案，让这片特殊的场地的场所精神与城市记忆得以延续。

关于仓街十号需要回应所处场地的三个具体的问题：

1. 什么是适宜的建筑尺度?
2. 如何处理仓街十号与邻里社区的关系?
3. 仓街十号怎样回应它曾经是苏州第三监狱的过去?

我选择了该区域中靠近北侧河道的 200m x 80m 的矩形区域。该区域总面积约为 16000 ㎡，具备面积条件来兴建一座中型剧场文化建筑，并配备所需的前后建筑退让空间。

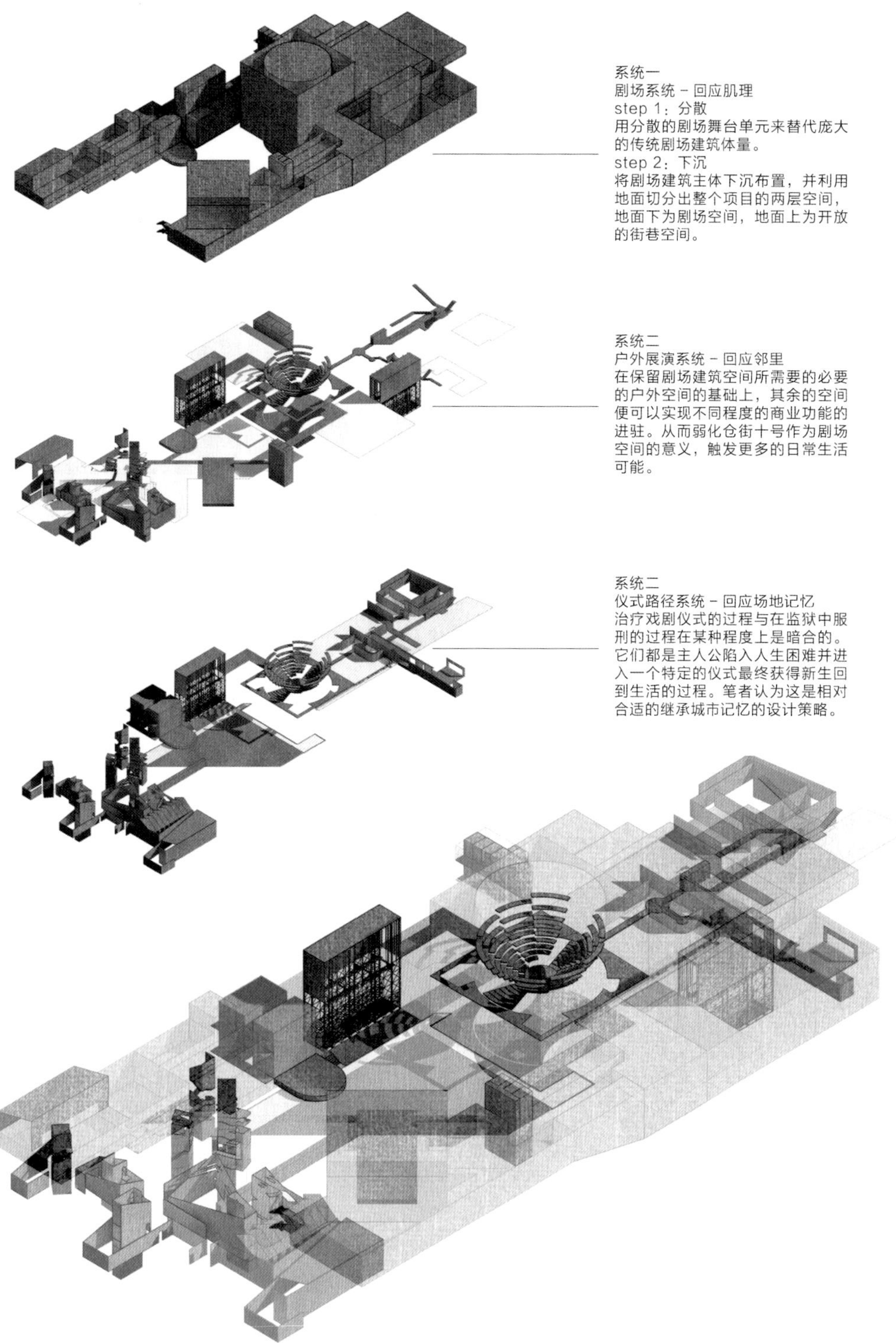

系统一
剧场系统 - 回应肌理
step 1：分散
用分散的剧场舞台单元来替代庞大的传统剧场建筑体量。
step 2：下沉
将剧场建筑主体下沉布置，并利用地面切分出整个项目的两层空间，地面下为剧场空间，地面上为开放的街巷空间。

系统二
户外展演系统 - 回应邻里
在保留剧场建筑空间所需要的必要的户外空间的基础上，其余的空间便可以实现不同程度的商业功能的进驻。从而弱化仓街十号作为剧场空间的意义，触发更多的日常生活可能。

系统二
仪式路径系统 - 回应场地记忆
治疗戏剧仪式的过程与在监狱中服刑的过程在某种程度上是暗合的。它们都是主人公陷入人生困难并进入一个特定的仪式最终获得新生回到生活的过程。笔者认为这是相对合适的继承城市记忆的设计策略。

面具酒吧
Mask Bar

镜园
Mirror Park

枯水底
The Base

练习场
Rehearsal Stage

系统并置之后 - 发生器

在这里，我将这些具备多种含义的建筑单体或构筑称为“戏剧发生器”，项目的全部构思都将在这些具体的建筑单元上得以体现。

我将一则黑色童话转化成具体的戏剧情节，将其安排在 9 个发生器的系统环境中，一方面希望能够呈现出发生器各自的功能，另一方面希望能传达出发生器之间的系统关系。

升降台
The Elevator

旋转舞台
Rotating Stage

流觞池
Release Pool

渡水廊
The Ferry

结论：

关于偶发性的戏剧空间的研究让我认识到空间所具备的空间属性绝非是固定的，所代表的空间精神也并非是明确的。从表面看来监狱与剧场之间并不存在绝对的联系。

然而，先锋戏剧艺术对戏剧本源以及精神洗涤的追求，使得剧场与监狱这两个空间在空间序列层面具备以下的共通点。即：它们都是告别过去，迎接未来的过程与仪式。

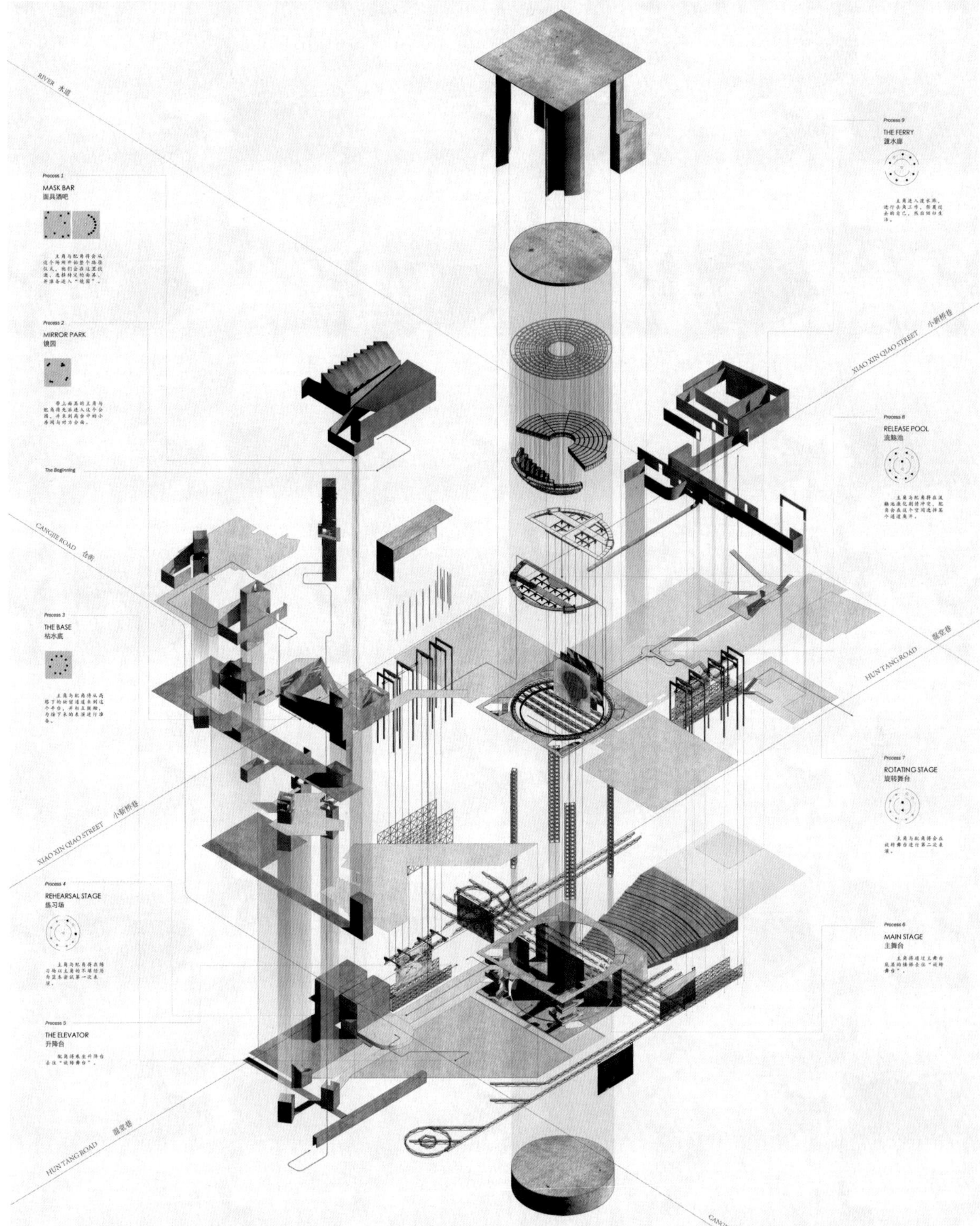
RIVER 水道
Process 1
MASK BAR
面具酒吧
Process 2
MIRROR PARK
镜园
The Beginning
CANGJIE ROAD 仓街
Process 3
THE BASE
枯水底
XIAO XIN QIAO STREET 小新桥巷
Process 4
REHEARSAL STAGE
练习场
Process 5
THE ELEVATOR
升降台
HUN TANG ROAD 混堂巷
Process 9
THE FERRY
渡水廊
XIAO XIN QIAO STREET 小新桥巷
Process 8
RELEASE POOL
HUN TANG ROAD 混堂巷
Process 7
ROTATING STAGE
旋转舞台
Process 6
MAIN STAGE
主舞台

巷巷公园

作　者　王毅恒

指导老师　沈康　朱晔

设计说明

基地选择：街道与居住组团的步行巷子口（鱼骨状街道与两侧封闭式居住区连接处的巷口）。

设计对象：以垂直于街道、并连接街道与其背后住宅区的「巷巷」作为设计对象。

研究问题：「巷巷」针对问题严格管制的「景观街道」阻塞了密集型居住区与街道公共生活的自然连接，「公园」解决快速车行路阻碍着沙北街东西两侧街道生活联系问题，东侧街景较为繁华，与西侧对比两侧活跃程度存在差异。

广州美术学院
建筑艺术设计学院

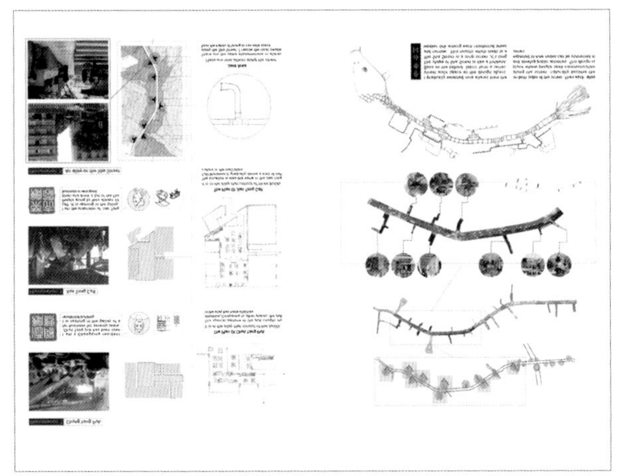

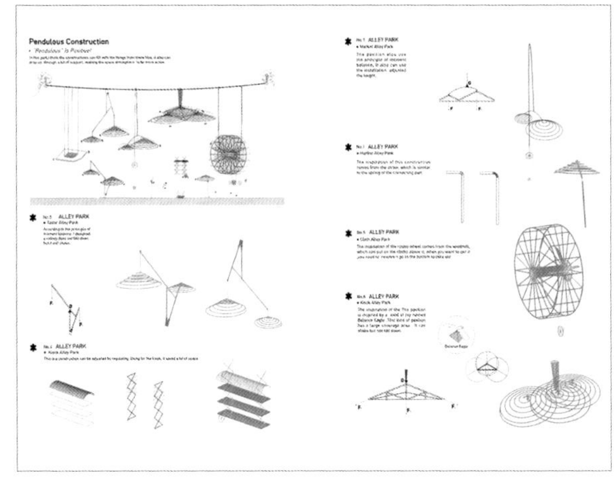

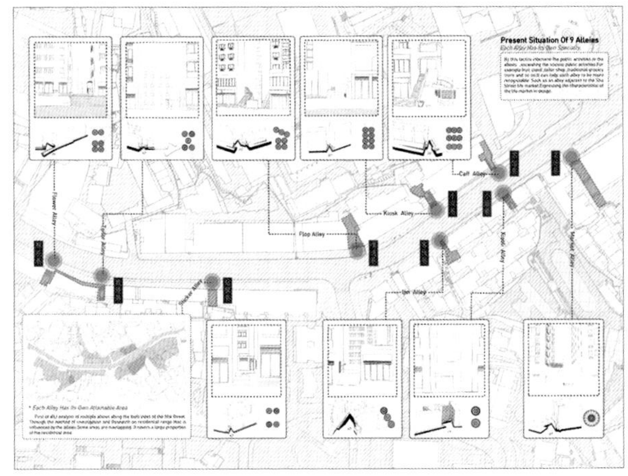

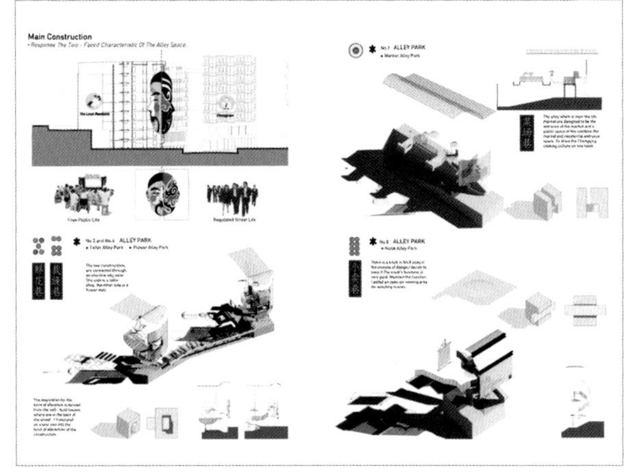

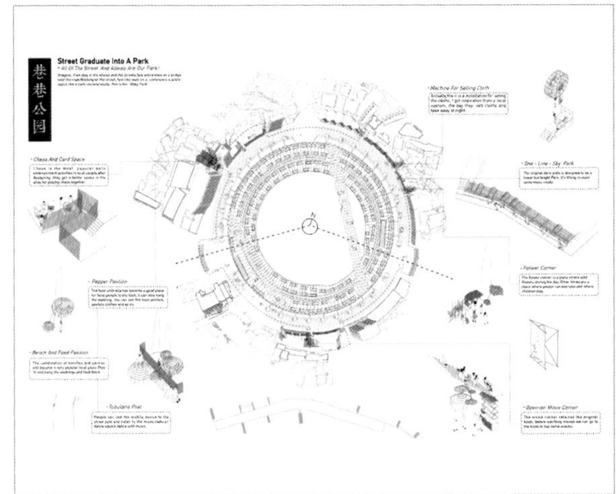

设计思路与策略

“巷巷公园”以垂直于街道并连接街道与其背后住宅区的“巷巷”作为设计对象，发掘巷道作为公共空间与非公共空间之间过渡地带的双重特征，以多功能的媒介墙标识巷道的存在，并且将背街的部分连接构成可以游玩嬉戏的“公园”，由此重塑了“巷道”这一被日常生活所忽略的公共空间的多义性。散点状的巷道之间会暗示着联系，走动其间会促进街道东西两侧的联系，促进街道两侧街道生活与社区生活的联系，有益于削弱车行快速路对沙北街步行街道生活的影响，随着时间发展，“巷巷公园”慢慢演化成一个区域性的“巷巷文化”。

双子城音乐节

作　者　许峪峰

指导老师　何夏韵　李致尧

设计说明

深港两地跨界城市发展过程中，已逐步建立较为紧密的经济、政治、文化联系，然而在行政管理、辖区物理边界的层面上，融合显得较为滞后：28 公顷的深港交界区域被列为禁区，相邻而不相连的情况依然与回归前无异，如何巧妙处理物理边界和激活边界是本论文的探讨重点，本设计尝试探讨在深港边界上以文化活动作为媒介，从而达到两地融合的目的。

广州美术学院
建筑艺术设计学院

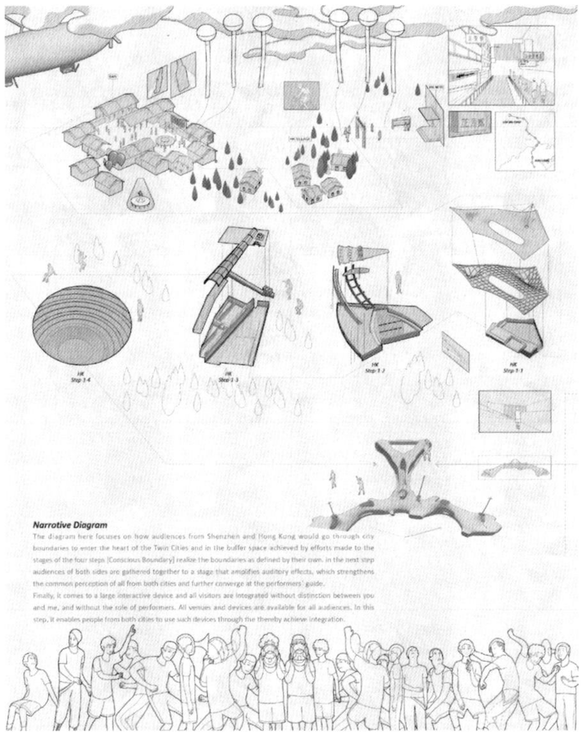
Narrative Diagram
The diagram here focuses on how audiences from Shenzhen and Hong Kong would go through city boundaries to enter the heart of the Twin Cities and in the buffer space achieved by efforts made to the stages of the four steps [Conscious Boundary] realize the boundaries as defined by their own. in the next step audiences of both sides are gathered together to a stage that amplifies auditory effects, which strengthens the common perception of all from both cities and further converge at the performers' guide.
Finally, it comes to a large interactive device and all visitors are integrated without distinction between you and me, and without the role of performers. All venues and devices are available for all audiences. In this step, it enables people from both cities to use such devices through the thereby achieve integration.

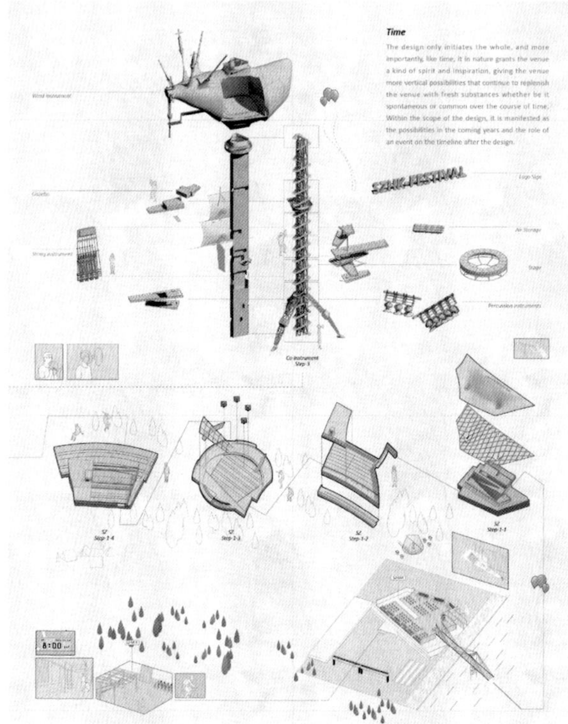
Time
The design only initiates the whole, and more importantly, like time, it in nature grants the venue a kind of spirit and inspiration, giving the venue more vertical possibilities that continue to replenish the venue with fresh substances whether be it spontaneous or common over the course of time. Within the scope of the design, it is manifested as the possibilities in the coming years and the role of an event on the timeline after the design.
Logo Sign
Air Storage
Stage

BLUE chidren's park——宋庆龄渤海儿童世界改造

作　者　曹梦霓　王萌萌

指导老师　都红玉　金纹青

设计说明

方案区位位于港口周边，从而我们选用「集装箱」作为建筑主体。利用现有的自然空间，把这个空间加以分割、引导，利用现有的泥土、水体、植物、地形等，适当地加以分割、组织、引导，让孩子们可以在这个空间里自由地发挥，从而解除了约束性。眼睛是儿童认识世界的窗户，明亮度高、饱和度大的色彩对视觉的刺激强，因此我们选用蓝和黄为主要颜色构成，为儿童搭配出一个缤纷且健康的彩色环境。

天津美术学院
环境与建筑艺术学院

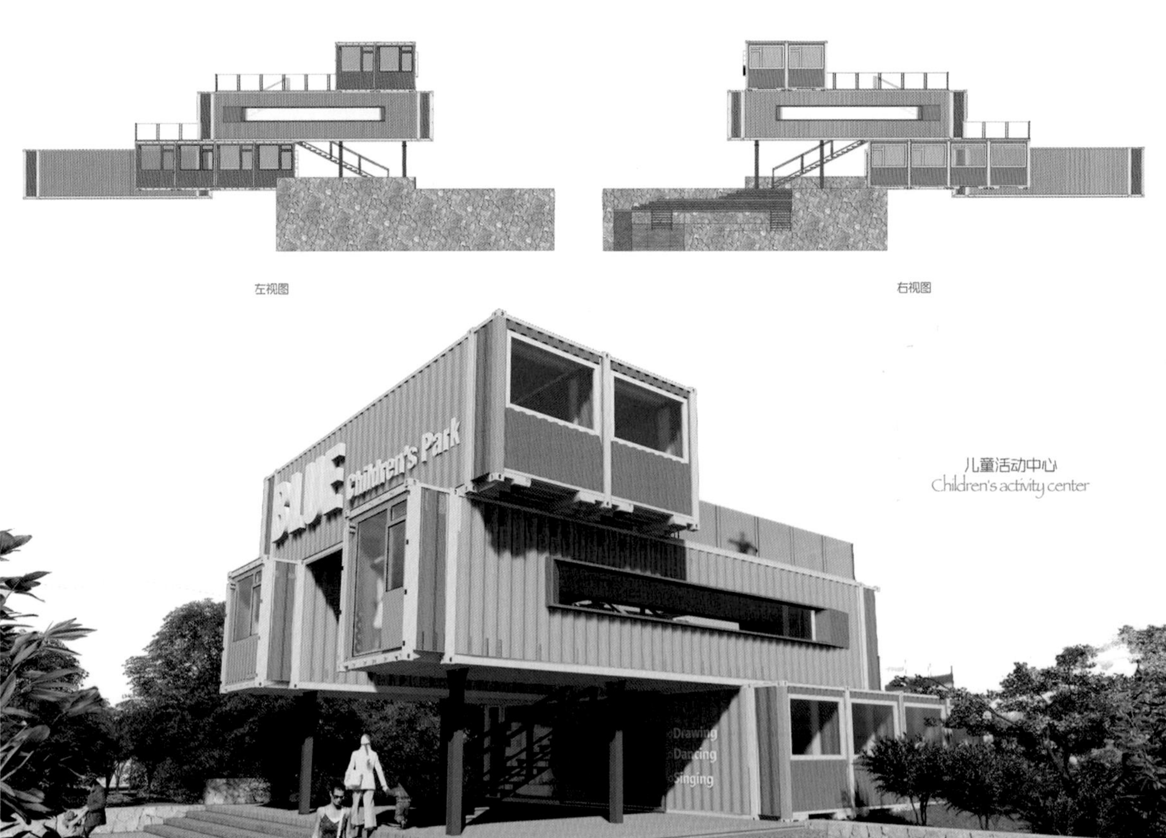

左视图　　右视图

儿童活动中心
Children's activity center

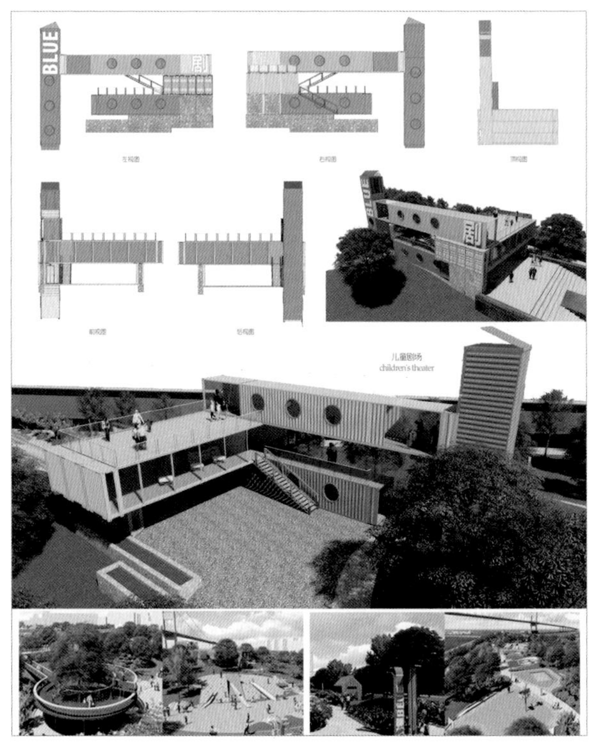

BLUE
剧
儿童剧场
children's theater

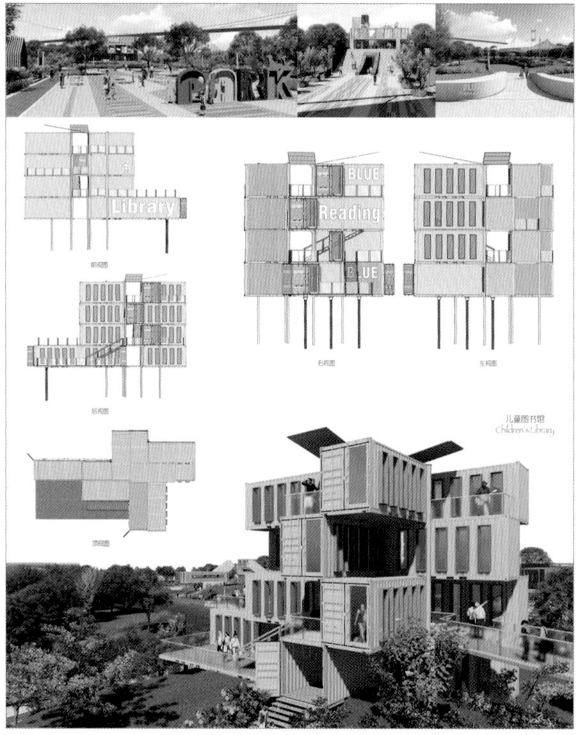

Library
BLUE
Reading
儿童图书馆
Children's Library

休
Drink&Food

BLUE
乐
儿童娱乐中心

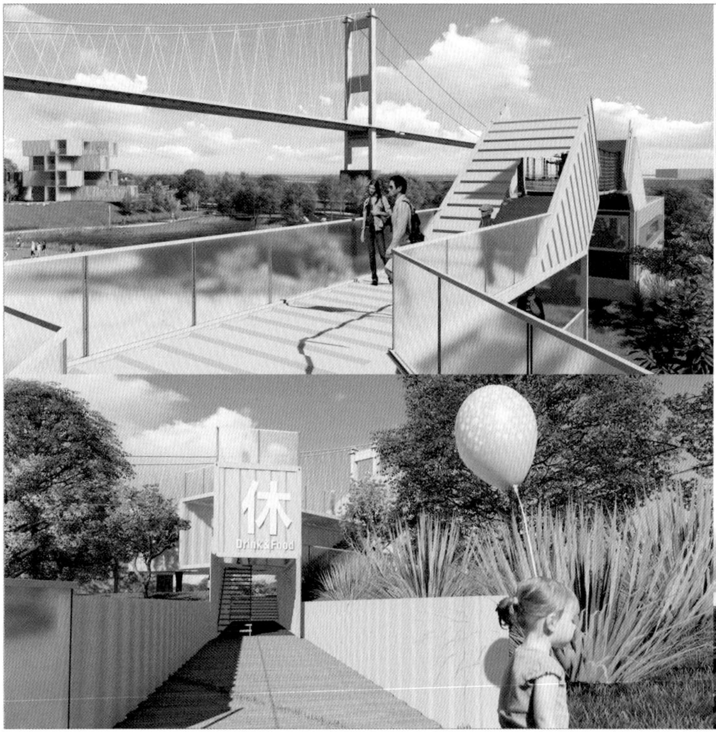

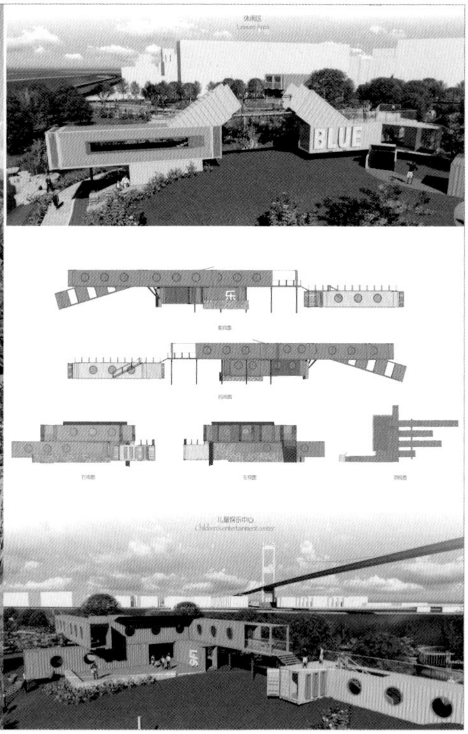

迷失甘孜——西藏甘孜『云舍』特色酒店设计

作　者　孔健　李明月

指导老师　王强　鲁睿

设计说明

『圣洁美丽的甘孜、康定情歌的故乡』，这是个充满了意外的世界，这是一种意外之喜——迷失甘孜，根据调查甘孜地区的地形地貌、水系、气候、资源、民族特色等开始萌发我们的设计，建筑与山体相依与流水相伴，吸收当地的民族特色，保留原有的民族风情，创造最舒适的休憩地带，让千百年来，生活在这里的先民们创造的灿烂多彩、底蕴深厚的康巴文化——情歌文化、格萨尔文化、香巴拉文化、红色文化、宗教文化、其他民俗文化尽显其中。

天津美术学院

环境与建筑艺术学院

石映语·河北省石家庄市谷家峪村乡村文化活动中心设计

作　者　李嘉鹏　刘然

指导老师　彭军　高颖

设计说明

本设计方案通过对当今我国农村现状的调研，发现其存在的主要问题，借助当下我国积极开展的『美丽乡村』建设的契机，结合本项目当地的地域、文化、民俗、生活习惯、资源优势等诸多因素，从建筑、景观、环境治理多重视角出发，对河北省石家庄市谷家峪村乡村文化活动中心建筑及室内设计的内涵加以深刻挖掘，力图用石头建筑来重点诠释『为农民而设计』的立意主题，牵着技术的手，走艺术的路，期冀实现传统文化与现代以及未来的相互交织、演绎。

天津美术学院
环境与建筑艺术学院

渔樵耕读

作　者　贺敏文　吴闽豫　黄妍婷
毛振国　汪忙　邱桁

指导老师　吴珏　潘延宾

湖北美术学院
环境艺术设计系

设计说明

城市中的大拆大建，使城市的建筑文化几乎没有希望，仅剩的种子留在乡村。春的油菜花金黄灿烂，夏的荷花芳香四溢，秋的野草随风浮动，日出而作，日落而息，在农作中和自然亲密接触，遵循最原始的自然规律。

然而在新的时代和这些原始的东西强烈击碰的过程中，村庄在慢慢改变着，小洋楼和水泥路侵袭着村庄，在这次设计中我们希望在村庄现在还有些保留着自己最纯真的样子的时候，能够同时改变村庄的生活，使其安居乐业。渔樵耕读即是渔业、林业、农业和对文化的传承，通过对整个水岸的规划和设计进而推进农业生产，对不同植物的梳理从而形成完整的生物群落，耕地的合理安排既有利于劳作效率也有利于美观，兴建宗祠和广场有利于村落文化的交融与保留。

壹/　地域分析

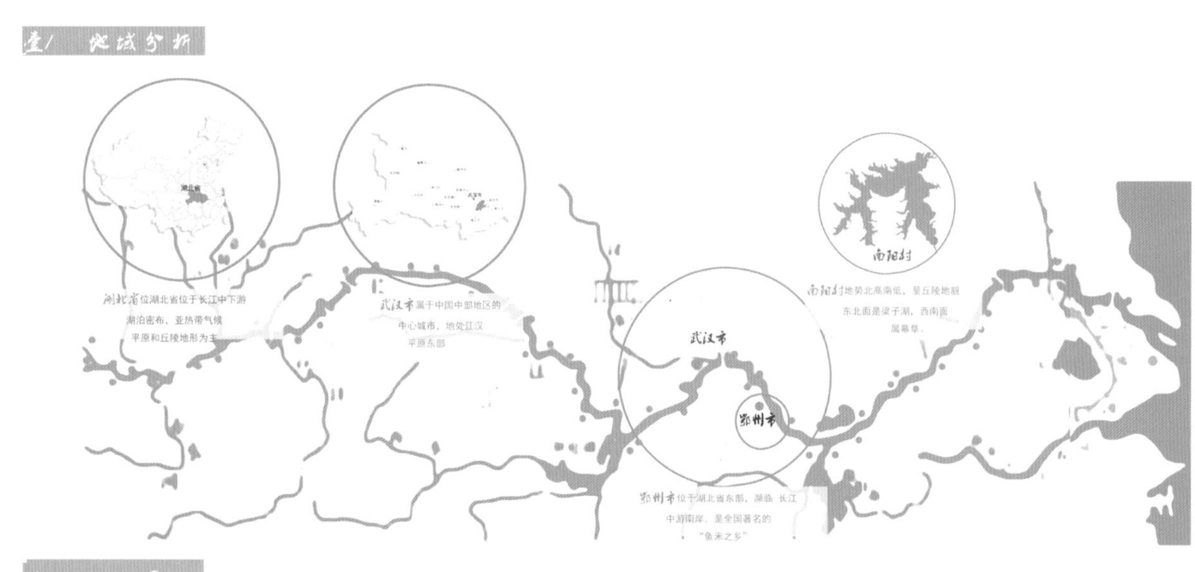

贰/　建筑组团分析

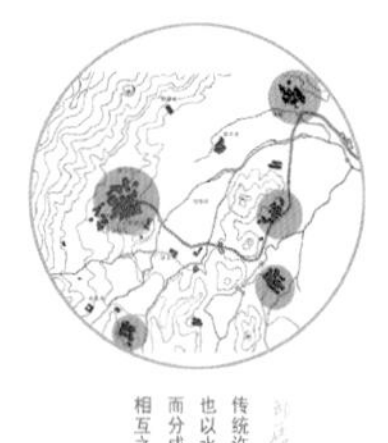
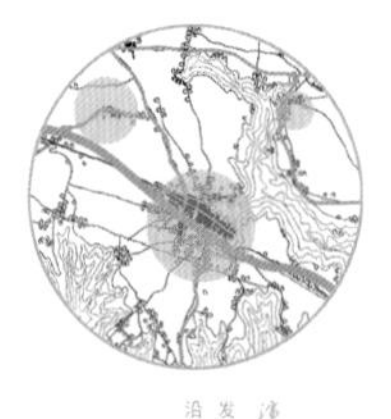
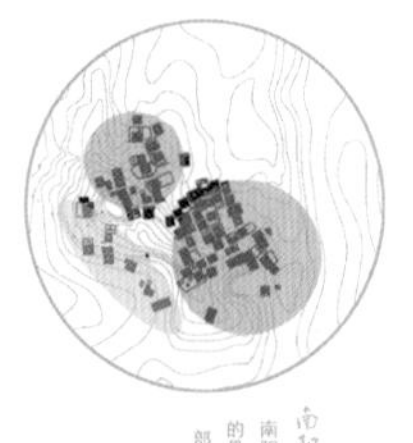
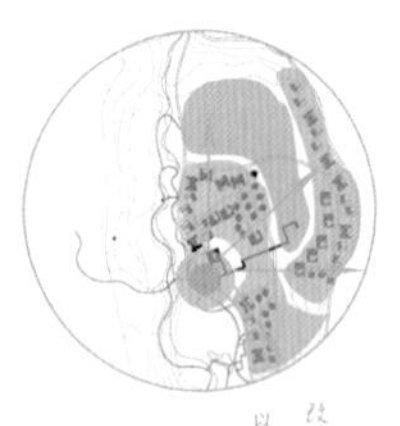

贰 /樵木节点

乔木层

野鸦椿

灌木层

蛇莓

沿阶草

草本层

昙华林城市行动计划

作　　者　曲明鲁　艾立焓　张春智
　　　　　李雨桓　刘晨菲　潘心勇
　　　　　朱婉依　贾会贤　万巧知
　　　　　胡依彬　陈晓梅　张莹

指导老师　何东明

设计说明

本设计是指由符合本办法规定的主体对特定城市建成区内具有以下情形之一的区域，根据城市规划和本办法规定程序、适应现代化城市社会生活的地区作必要的、有计划的改建活动。随着我国城市化发展逐步成熟，城市存量不断趋于饱和，其容量已不能满足人性舒适的「城市人居」需求，而城中村在城市化进程中，由于全部或大部分耕地被征用，农民转为居民后仍在原村落居住而演变成的居民区，城中村滞后于时代发展步伐、游离于现代城市管理之外、生活水平低下。城市化需求与城中村自身矛盾两则交互冲突。2015年可说是城市更新热，而这也是当下社会发展矛盾之一。但不管从政府、市民、设计师而言，都是处于摸索的进程，而我们希望可以从经济、文化、环境与社会的综合角度，形成一套适应性强并且可复制的模式，不仅仅是针对昙华林这样的个例，甚至推向全国的城市更新均可借鉴，为用设计思维解决城市问题的方向发掘出一个新的思路。

湖北美术学院
环境艺术设计系

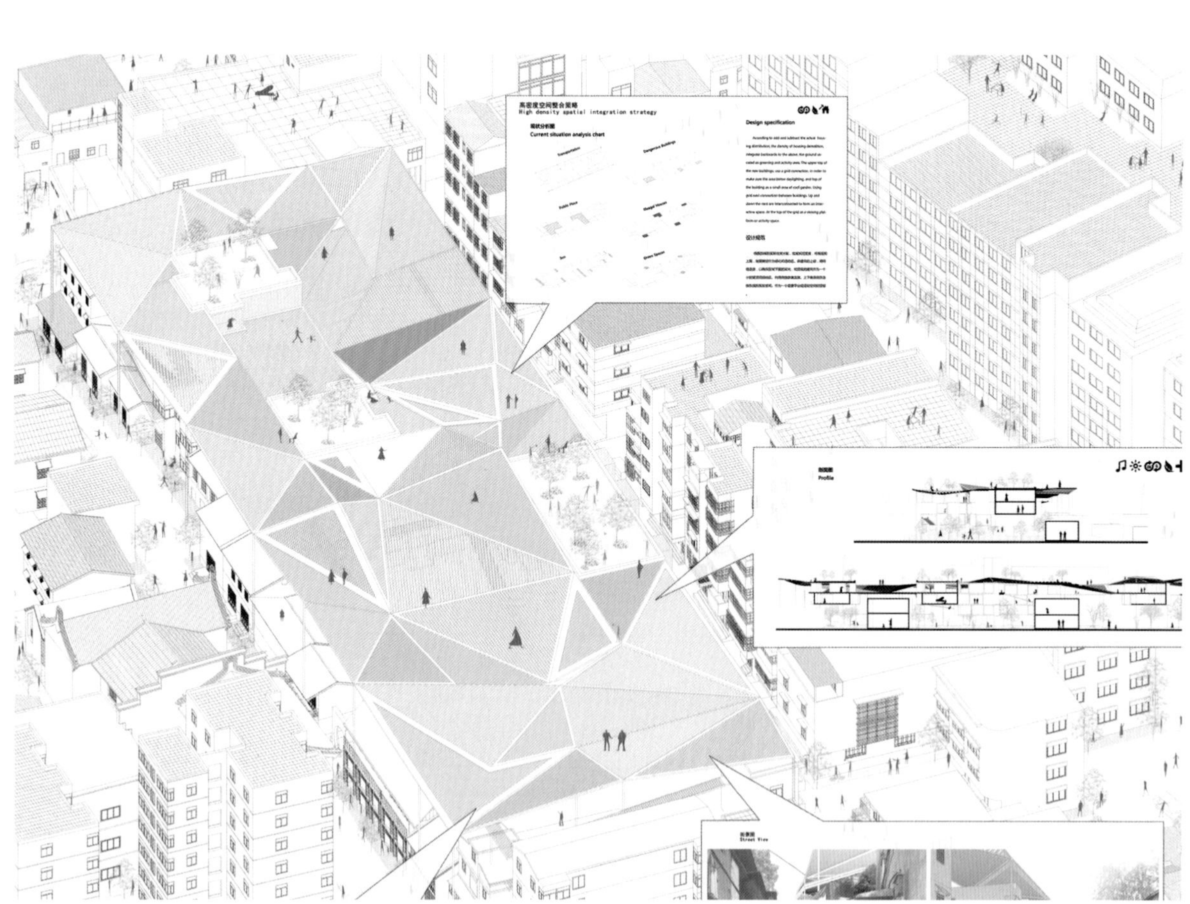

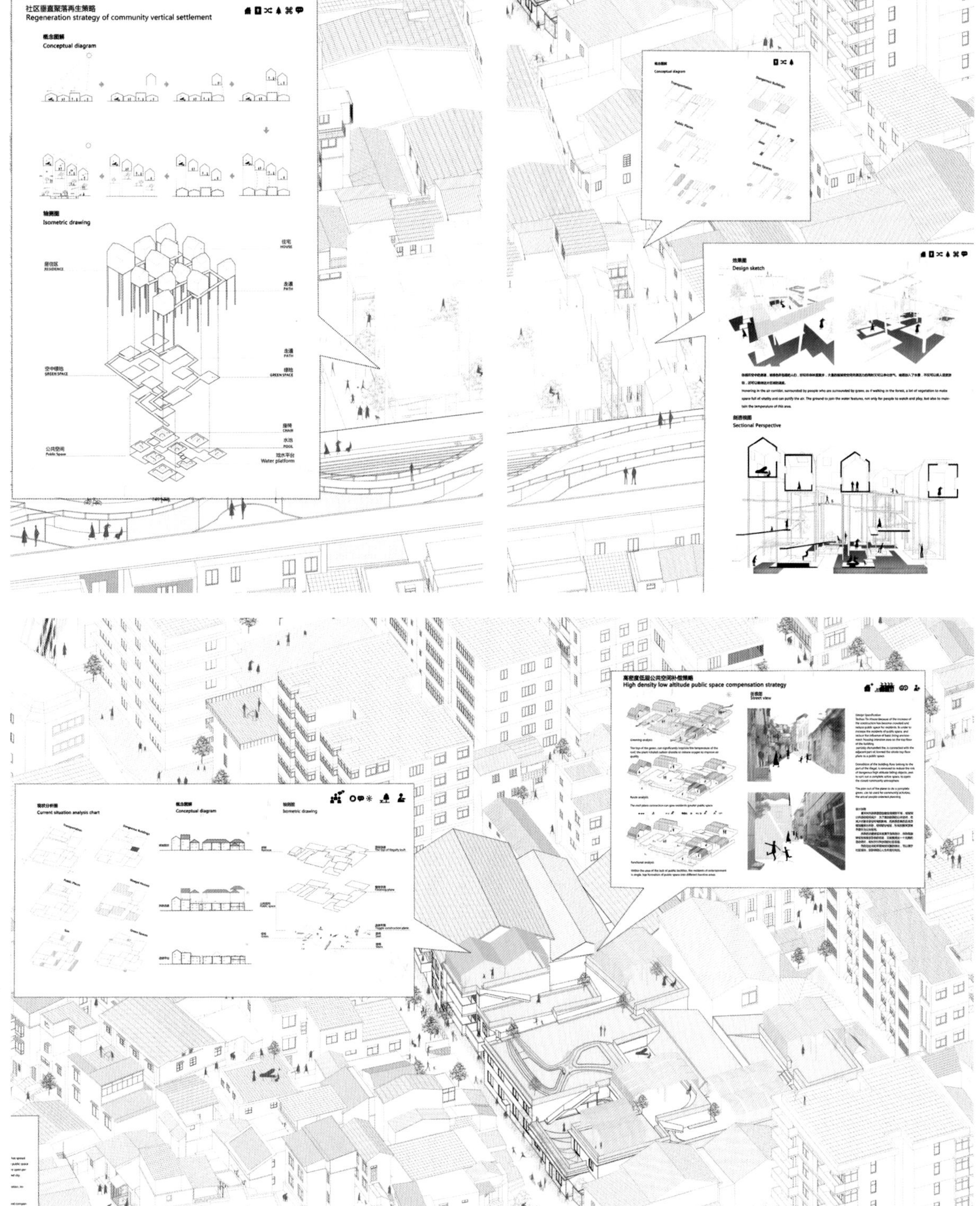
社区垂直聚落再生策略
Regeneration strategy of community vertical settlement
概念图解
Conceptual diagram
轴测图
Isometric drawing
效果图
Design sketch
剖透视图
Sectional Perspective
高密度低层公共空间补偿策略
High density low altitude public space compensation strategy
现状分析图
Current situation analysis chart
概念图解
Conceptual diagram
轴测图
Isometric drawing

覆叠空间

作　者　夏声悦　葛亚平　李泳诗
　　　　黄俊杰　宋昱
指导老师　周彤　朱亚丽

设计说明

军山镇黄陵街，在近代史上，曾作为各地通往武汉的中转口岸，当时为方便货运，通商建筑朝向港口（湖岸），街道交错，湖岸线像八爪鱼般向中山湖延伸，形成了其独具特色的空间结构形态。交通发展，水路停滞后，此处建筑朝向转向正街，自发地生长，记录了武汉一步一步的发展走向。

伴随着武汉的发展，这条街道也应该在新的历史潮流下，顺应发展，保留其慢生活方式的同时，引进开发商，与当地经营者相结合，营造一个多龄化混居社区。为城市居民提供一片休闲栖息地，并留下一个永恒的历史空间样本。

在设计上，改变原有坑凹不平的农村环境，结合原有地形，形成了一道阶梯式的重叠复合空间，利用红线退距内的建筑废料，整合地形，修理坡道，挡土墙，既解决了当地的排水问题，又满足居民多年龄层的需求。同时，改变建筑原先的开窗方式，给居民增加更多的采光和通风。

湖北美术学院
环境艺术设计系

昆明金鼎『1919文化创意园区』再生更新项目设计

作　者　袁胜鸿　罗德志　夏美全　等

指导老师　李卫兵　王睿

设计说明

「金鼎 1919 文化创意园区」设计定位以文化艺术创意中心作为其主题，结合其中分布的「集装箱」等创客活动基地，打造出独特的自身园区品牌效果，从而也进一步带动周边环境的改变，从而传承昆明市该历史文化地段中的「学府文化」气氛。具体在处理手法上，设计也强调在借鉴优秀案例经验的基础上，结合本项目工业遗址特质，借助园区内具有地域文化代表的一系列设施与装置来为园区营造富于新活力的场所与氛围。

云南艺术学院
设计学院建筑系

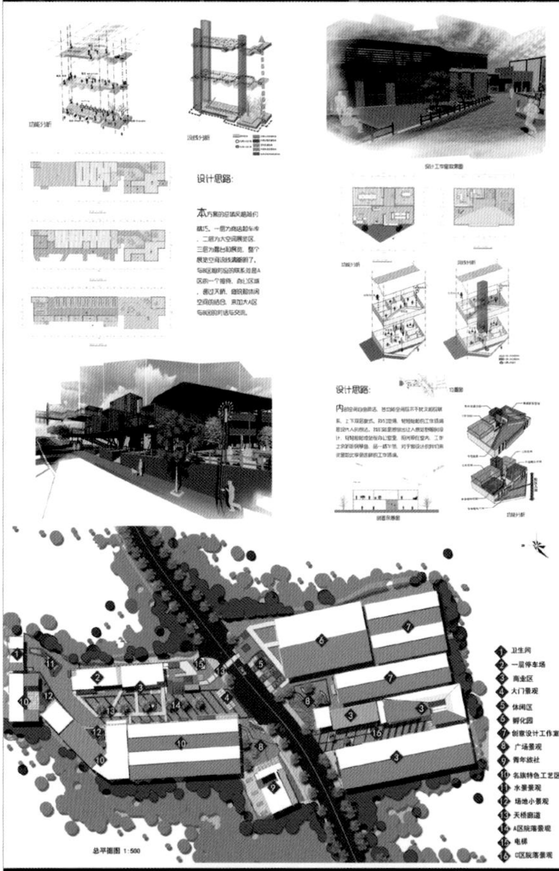
设计思路:
设计思路:
总平面图 1:500
1 卫生间
2 一层停车场
3 商业区
4 大门景观
5 休闲区
6 孵化园
7 创意设计工作室
8 广场景观
9 青年旅社
10 名族特色工艺区
11 水景景观
12 场地小景观
13 天桥廊道
14 A区院落景观
15 电梯
16 C区院落景观

昆明传统街区的文艺复兴

作　者　李宗柱　王黎　吴庆秋

指导老师　谭人殊　邹洲

设计说明

传统街区在当今时代背景下的文化传播和对外交流一直是一个热点问题。作品将视野落足于昆明本土的若干城市原生聚落，以建筑调研叠加文学记录的方式最终呈现出一种颇具连环画风格的表达。昆明南强街和官渡古镇片区长期处于城乡胶着或被时代滞后的状态，而居住于其中的人群以及他们所构筑的空间和市井情态亦真实地反映了这种碰撞。于是我们尝试着用建筑混搭插画的跨界方式来记录、来推断、来演绎这些生存状态，并以一种读者喜闻乐见的艺术形式予以传播。

云南艺术学院
艺术设计学院

妙湛寺为官渡"六寺之首"，其地原为滇池之一部分，地面下螺壳累积，故妙湛寺亦称螺峰寺。始建于元代至元二十七年，1295年落成，后因被水淹倒塌，1325年迁建于现址古镇的中央。
古镇卖香的人也大多聚集在妙湛寺周围。
红墙、灰瓦下两个少女在窃窃私语。
妙湛寺作为"六寺之首"，每天来往的香客络绎不绝。
人们在妙湛寺内或求平安，或求财运、或求仕途。年轻的女孩也许正祈求一段姻缘地到来。

大雄宝殿是整座寺院的核心建筑，也是僧众朝暮集中修持的地方。宝殿中供奉本师释迦牟尼佛的佛像。大雄是佛的德号，大者，是包含万有的意思；雄者，是摄伏群魔。

妙湛寺内的一口小池塘里由于镶嵌了两条人造的石龙，所以常年被游客投掷钱币祈福。

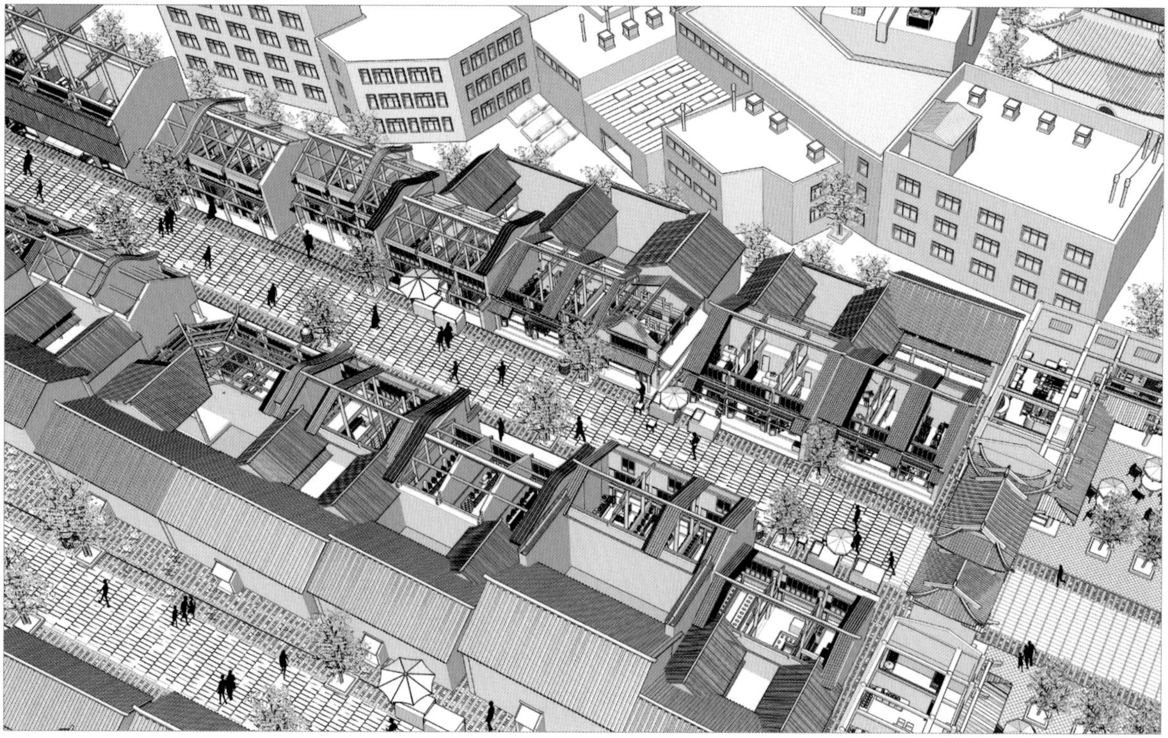

石屏建筑人文复兴计划

作　者　常利娜　关要鹏　余赟　杨灿

指导老师　邹洲　谭人殊

云南艺术学院
艺术设计学院

设计说明

石屏县位于云南省中部，历史文化久远而深厚，如今却在城市发展的大背景下趋于没落。记录和传播是本案的精神核心：以建筑的语言来诠释古村付家营的民居和布局，并将蕴含其中的市井民俗及乡土人文物象化梳理，最终呈现出一份颇具博物学意义的图文风貌典籍；另一处选点位于玉屏书院，以原有的文物建筑作为基础，将全新的博物馆功能融汇其中，在尊重文化，致力传承，谋求发展等辩证统一的前提下最终以室内改造设计的方式完成了玉屏书院的重生与复兴。

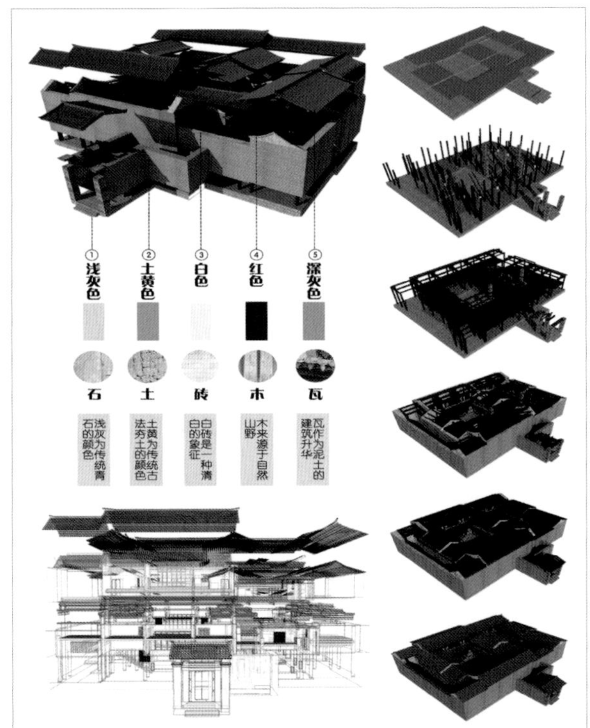

石屏建筑人文复兴计划●玉屏书院

大华纺织工业遗址博物馆改造

作　者　李郁亮　刘政委

指导老师　周维娜

设计说明

20世纪的记忆轻巧得如同一张明信片，被时间重重地盖上戳：大华纱厂已褪去了浓墨重彩的外壳，留下冷淡的灰和砖瓦的原色。这里封存着一个时光胶囊，装载着大华纱厂这一工业遗存的全貌。一抹艳色的晚霞，打在了厂房外灰色混凝土的墙壁上，而厂房内，展开的画面宛如万花筒。

西安美术学院
建筑环境艺术系

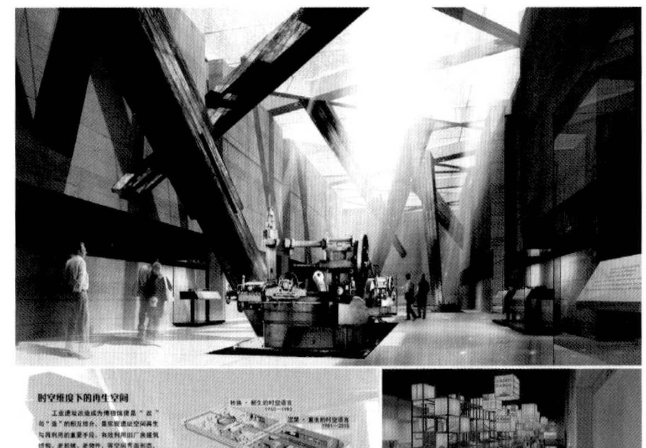

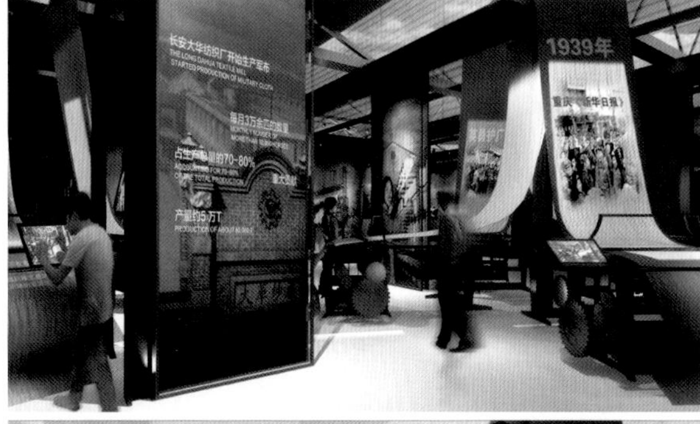

长安大华纺织厂开始生产军布
1939年
重庆《新华日报》

时空维度下的再生空间

创意说明：
该互动展示装置设计源自“自动布机”的形式，以纺织机械和布料作为展示平台，展现大华纱厂机器生产的繁忙景象。
悬挂的布料作为信息展示介质，在布面上直印版面内容，也可作为投影幕进行影像展示。
展项设计：
1939年

1936年
正式定名为
“长安大华纺织厂”
1937年
1月11日

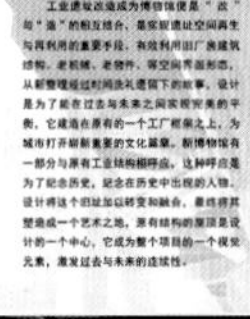

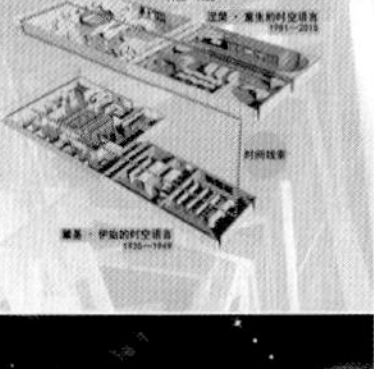

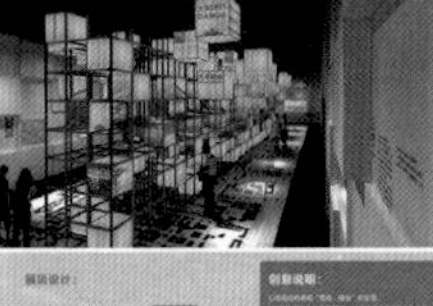

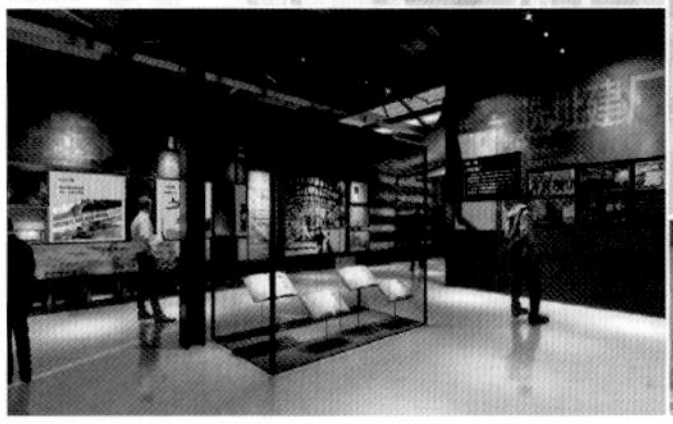

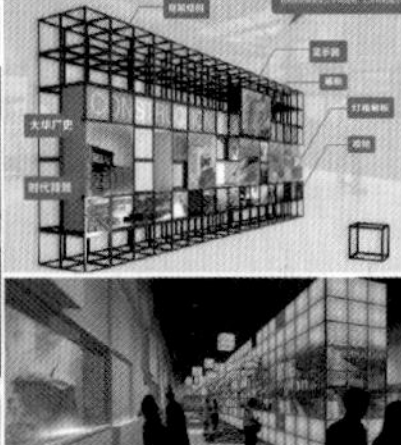

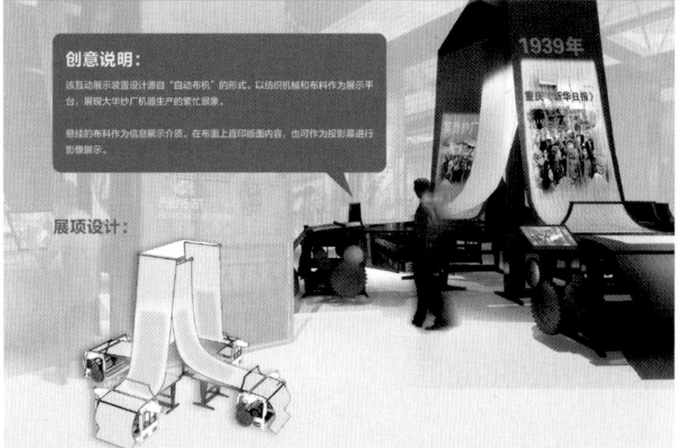

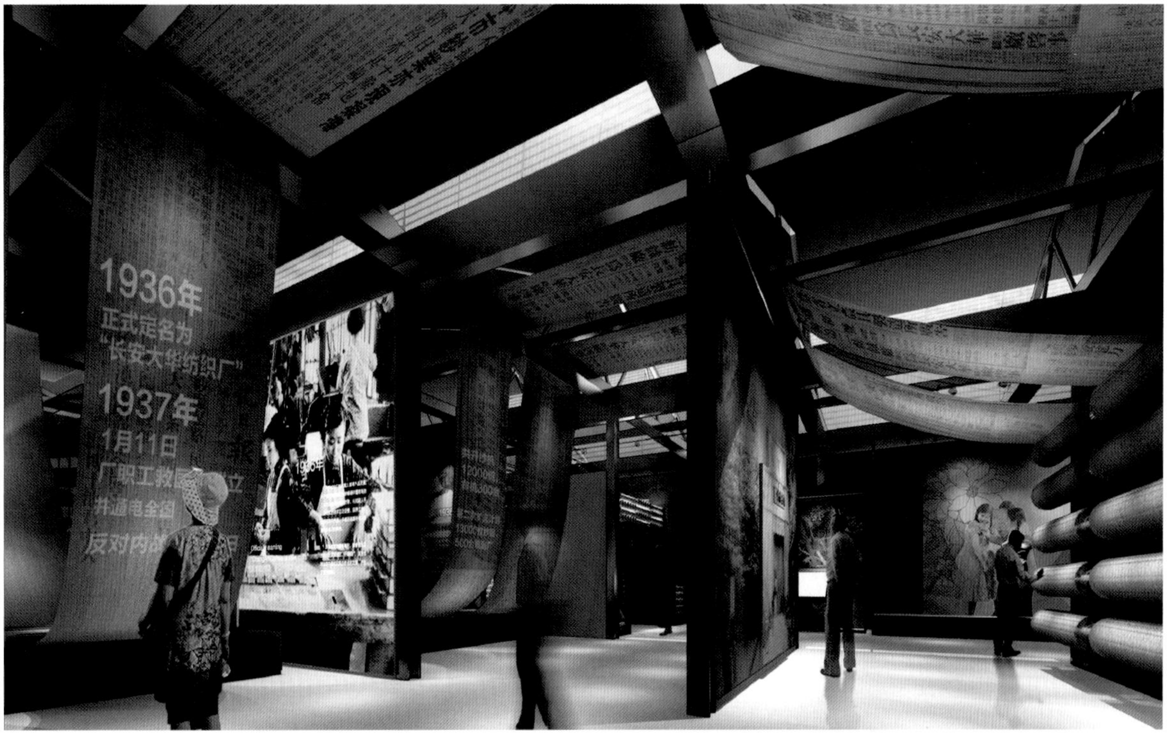

与孤独症共生 以孤独症儿童为主题的街道景观改造

作　者　蒋丽梦雅　胡艳雯　樊西子　陈俊霖

指导老师　王娟

设计说明

本设计从孤独症儿童入手，了解他们记录他们，想通过自己的力量帮助他们，让更多的人了解这样的弱势群体，唤醒人们对这样的一群就在我们身边而不被注意的人群的关注。我们选择街道来展开我们的设计，让我们的设计融入生活，让更多人看到，更是对目前尘世街道景观的新的思考。通过了解孤独症儿童，以人文关怀的景观设计思考，提出时间概念的表达方式，结合街道景观的改造设计，最终形成我们的设计方案。

西安美术学院
建筑环境艺术系

井观井语

作　者　寇飒 叶敏敏 朱巧鑫 王菲菲

指导老师　孙鸣春　李媛

设计说明

本设计的特色是以古井特有的气质与周围环境联系在一起，以古井为原点辐射周围环境达到共生、和解的效果，从而使自然和人文精神在这里得到升华。古井的设计表达的是一种古朴的丰富的精神上的体验。发觉亲近环境的景观模式，简单的线条，自然而简约的使用环境的材料和设计方法。在景观环境中充分体现景观设计的积极一面。力求完整地体现文化与生活在城市的街头巷尾营造不同空间之间的和谐。

西安美术学院
建筑环境艺术系

乡客·客家文化风情体验区设计

作　者　孙艺菲

指导老师　文增著　刘健

设计说明

本次设计是以客家传统建筑为研究对象，试图创建一种符合现代人居住需求的体验式居民住宅模式。通过对当地民族文化特点以及传统建筑的深入研究，以人为本的设计理念，在传统建筑中提炼归纳元素，分解重构，进行再设计，使住宅建筑更好地与自然景观相融合，更符合现代人的使用功能与审美追求。设计的重心在于改善现有居民的居住现状，建立一种居住层次与秩序。使居民住宅更加舒适。

鲁迅美术学院
环境艺术设计系

筑释——意境之域·文化酒店

作　者　侯宗含

指导老师　马克辛

设计说明

作品通过把中式传统构架的形式美感，用现代的方式重组。以新的装饰语言，对传统装饰手法进行重新排列、重组。在形象感上采用水泥肌理的墙面，向自然的环境景观过渡，融入中国传统文化的元素，使建筑和自然景观融合。在重组的过程中，找自己的语言去切入，在合乎现代的潮流的基础上把自己对视觉、环境、文化的理解融入到传统构架中。把传统文化介入所有空间，使其更人性化、文化意境更浓。对传统文化切入、传承、现代结合，用现代方式来进行的可视化、可操作的一种完整的新意象作为文化酒店的设计概念。

鲁迅美术学院
环境艺术设计系

色彩涌现 色彩博物馆

作　者　刘中远

指导老师　马克辛

设计说明

色彩博物馆的思考来自于自然界色彩分子之间的并置、交融以及流变，即当带有色素的分子互相击撞时在视觉意义上呈现的本体色彩冲击关系、运动关系、互补关系。形体关系上出自于使用丰富的空间流动曲线针对颜料的流动混合特性进行模拟实验从而形成场地拓扑关系；从功能范围上离散出颜色特质并优化视觉感受；基于将导师所研究的色彩构成理论转译成算法并结合采光考量得出色彩丰富的表皮，进一步根据曲面曲率细分肌理，最终实现色彩的涌现、流动与群化。而整个建筑在包容色彩叙事的同时自身也成了一种色彩景观装置，在自身功能、城市力场的共同作用下对场所进行了积极的回应。

鲁迅美术学院
环境艺术设计系

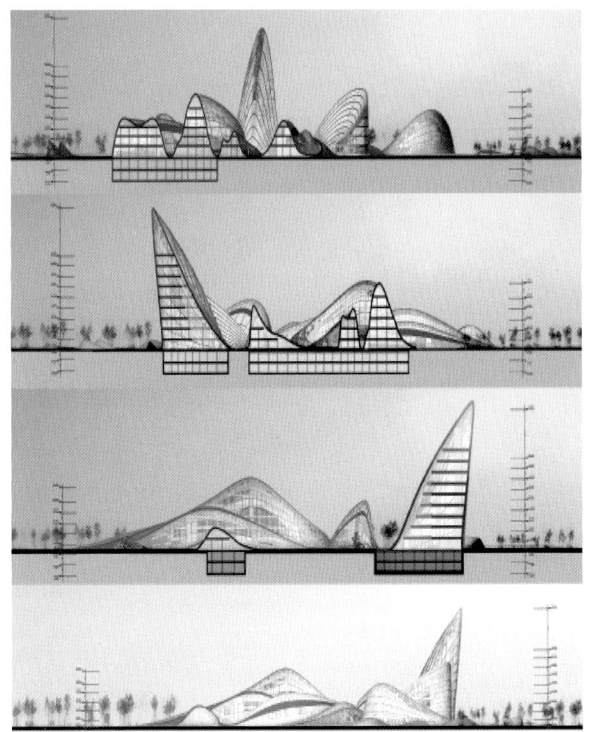

风吹麦浪

作　者　张颖　李宝伦　陈希旺

指导老师　邬烈炎　徐炯

设计说明

矢量场域算法是参数化设计中根据物理现象研究得出的一种形态生成方法。设计小组以此为研究基础，将自然界中风吹麦浪的印象投射到此次设计中，创造性的参数化手段再现了这种动态的视觉景观。这件大型参数化装置作品由600根圆管构成，每根圆管都有不同的倾斜角度和高度，按序排列组合而成具有趣味性和参与性的空间形态，设置了穿越漫游的路径以及驻足体验的预留空间。「风景再现」与「风景叙事」用一种数字形式呈现出来，数字设计的现代手法与材料的非自然属性从另一面来呼吁大众对原生自然环境的重视。

南京艺术学院
设计学院

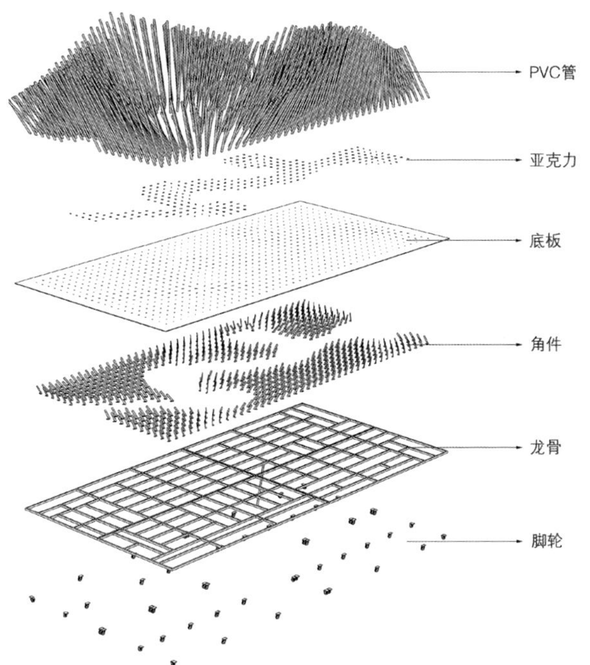
PVC管
亚克力
底板
角件
龙骨
脚轮

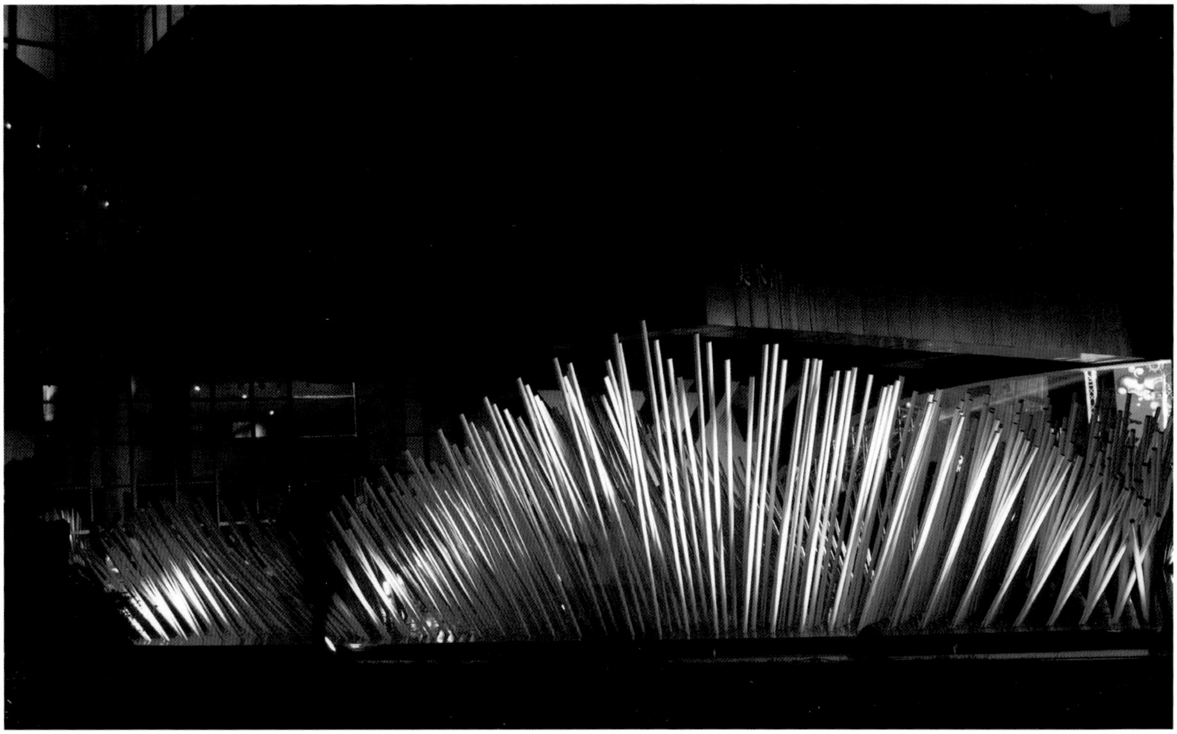

非编织网探索

作　者　王勋 王成浩 陈实 杜春海

指导老师　邬烈炎 徐旻培

设计说明

这次的木构设计是对 Steven Holl 的 Berkowitz House 拆解重构和假设的作品。是以基本木构搭建为手段，以形态为主要研究方向的一件探索作品。木网是由单体元素堆叠及秩序排列形成的，与拆解后的作品重组交叉构成现在的形态。

作品采用快速搭接安装的设计语言，利用直曲结合的形态做了一次 9 人小组、为期 3 周的搭建探索。尝试在不用编织手段、不用增压手段的情况下，木材快速形成网状视觉效果的可能性。

南京艺术学院
设计学院

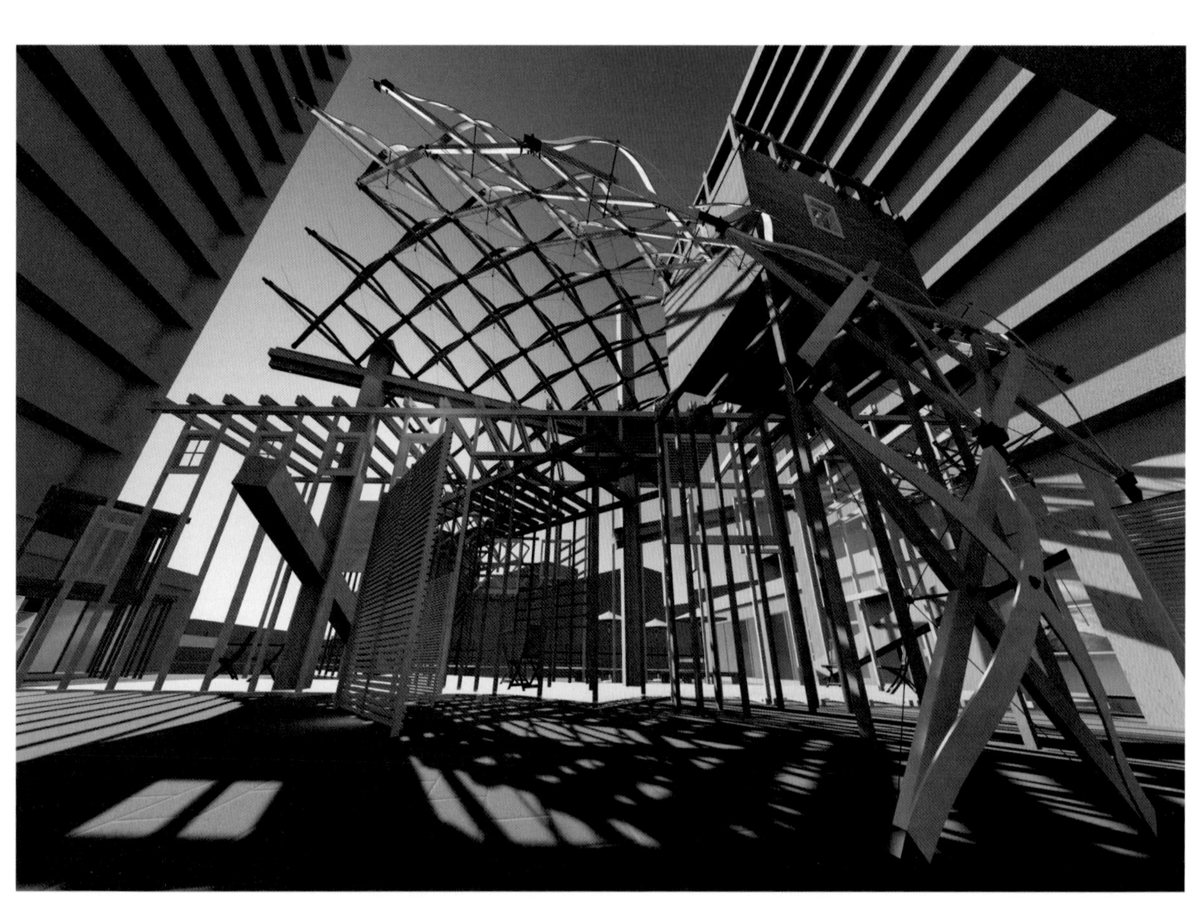

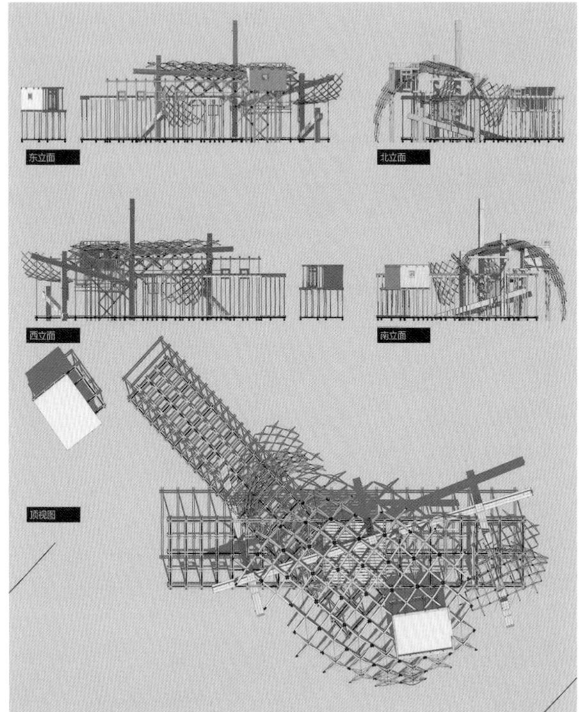
东立面
北立面
西立面
南立面
顶视图

熵增·骨骼——身体图示与概念建筑的探索

作　者　李烨敏　武栓栓　巩春晓
韦菲　韩娱婷　朱梦瑜
指导老师　邬烈炎　卫东风

设计说明

身体不仅仅是对肉体，或是动态中的简单思考，而是将其看作一种原型与形式，甚至在现象学的语境之下去探寻身体与建筑之间潜藏的关系。关于身体的叙事与制作，是它在社会、艺术、性别中的身份认知，同样身体又如何回归于其本身，都是值得讨论的。作品根据人在跳舞时的动作以及其舞动的轨迹组成微建筑形态，建筑节点和建筑元素都是由人体关节、骨头等变形生成，关节式的小构件用螺栓链接，形成可随意折叠移动的小个体，最终组成一个机械式微建筑。

南京艺术学院
设计学院

木栈阁·奇数次幕

作　者　王佳媛　裴友杰　谷成远

指导老师　邬烈炎　施煜庭

设计说明

本方案设计的创意来源即是对中国传统园林景观元素，如迂回曲折的廊道空间、亭台楼阁和太湖石的造型，以及古栈道构造的借鉴。整个木结构作品由7个山墙屋顶结构进行穿插、旋转、组合而成，其中每一座屋顶结构都由单件不断复制而成，形成了高低错落、纵横交错的廊道空间关系。构筑物长12米、宽10米、高5米，以木材、透光彩色亚克力、镀锌金属结构件等材料为载体，不同质感的材料和形态并置、重复和错叠而产生的视觉上的碰撞和交融，色彩的对比，以及线性的木框架和繁复的太湖石纹样的对比形成了独特的视觉体验。

南京艺术学院
设计学院

郭家庄休闲体验型生态农庄规划设计

作　者　董侃侃

指导老师　谭大珂 贺德坤 张茜 李洁玫

设计说明

本设计理念是将郭家庄村定位为体现人与自然和谐共生，使生态效益、经济效益、社会效益相结合的体验型生态农庄。通过对体验型生态农庄的功能考虑上，共分了三大区：1. 农产加工区（指农产品初加工，通过对农产品的初加工，提高农产品附加价值，带动村庄经济发展），2. 农事体验区（依据农业生产而开发的一些简单轻松的农业劳作活动和民俗活动），3. 生态观光区（在基地内设计一条生态观光轴，依次展开建筑空间布局，主要进行各种经济作物的生产和开展各种农业观光的活动。

青岛理工大学
艺术学院

老年活动中心概念设计

作　者　胡娜

指导老师　谭大珂 贺德坤 张茜 李洁玫

设计说明

基于郭家庄村目前环境空间现状及村内所存在的老龄化问题，设计以老年人为本，是针对老年人的环境空间设计。郭家庄村自然环境优越，因此在设计时将建筑退居于自然之后，老年活动中心建筑采用覆土的表现形式。景观上主要采用圆弧围合形式，同时配以不同层次的植物，打造绿色生态空间，同时配有圆形座椅及服务于老年人的配套式护栏扶手。覆土的建筑形式使土壤具有良好的保温隔热性能，温度波动较少。可以降低建筑内部受外部气候环境的影响，微气候稳定，提高室内舒适度，屋顶上的覆土和纸杯可以有效地续存雨水。

青岛理工大学
艺术学院

郭家庄亲子体验基地建筑及景观设计

作　者　李俊

指导老师　谭大珂　贺德坤　张茜　李洁玫

设计说明

如何让自然乡村更好地发展，通过对乡村建筑及景观设计，将城市与乡村紧密联系，实现城乡的互利共赢。该体验基地逐力打造成为联系乡村及城市儿童成长记忆的关系纽带。设计保留了原有村委会，形成入口广场，开敞的入口广场保证游客能够直接看到入口湿地与林区构成的自然景观；场地内部布置了栈道，选用曲线形式，实现与自然的融合，保证游客能最大限度地接近到湿地的各个角落；园区中心位置，地势较为平坦，建设条件较好，因此将亲子体验农场与亲子游戏绿地选址在此。

青岛理工大学
艺术学院

石家庄谷家峪村落改造设计

作 者 李一
指导老师 薛娟

设计说明

本设计定位于以太行山居为特色的旅游景区目标村庄。规划范围包括村庄旅游接待门区、溪谷山居酒店接待区、村民休闲活动区、旅游观光区等部分。设计方案充分考虑各个建筑及景观节点分阶段实施，建设的必要性、时序安排及相互关系，保证近期开发建设和中、远期开发建设能够有序进行，保证方案的可行性及实施的灵活性。

在整体规划中，提出符合功能特色的空间布局、景观要素、建筑设计等方面的整体构思及创意，挖掘地域特色和优势，塑造「高端化、品牌化」的空间形态和建筑及景观形象。

山东建筑大学
艺术学院

陽光房效果圖

陽光房效果圖

山梵水音疗养院建筑空间设计

作　者　薛华

指导老师　马品磊

设计说明

本设计定位于以太行山居为特色的旅游景区目标村庄。规划范围包括村庄旅游接待门区、溪谷山居酒店接待区、村民休闲活动区、旅游观光区等部分。设计方案充分考虑各个建筑及景观节点分阶段实施，建设的必要性、时序安排及相互关系，保证近期开发建设和中、远期开发建设能够有序进行，保证方案的可行性及实施的灵活性。

在整体规划中，提出符合功能特色的空间布局、景观要素、建筑设计等方面的整体构思及创意，挖掘地域特色和优势，塑造“高端化、品牌化”的空间形态和建筑及景观形象。

山东建筑大学
艺术学院

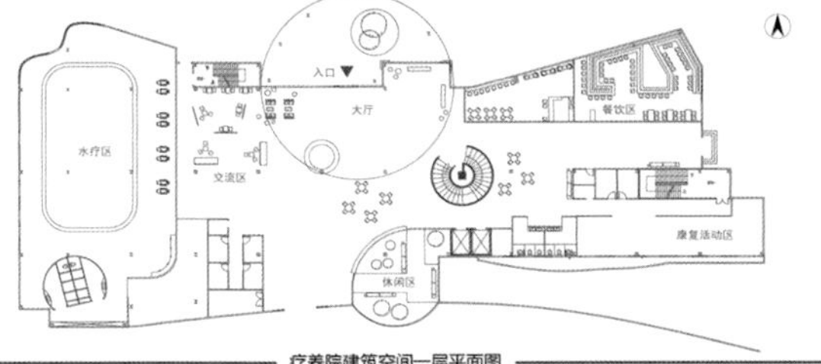

疗养院建筑空间一层平面图

1	2	3	4	5
建筑主入口：	建筑次入口：	休闲区：	康复活动区：	水疗：
1. 接待与交流的区域 2. 空间宽敞明亮 3. 提供良好的交流空间与氛围	1. 与主入口相呼应 2. 连接整个一层空间 3. 利于空气流通和阳光的照射	在空间中植入一个室内景观区，创立出一个充盈着光、自然、平静的开放亲密氛围。	创造积极的环境刺激患者，对他们造成有益的影响。	泳池位入口处，不光为病人使用，也让居民区人们方便的使用。

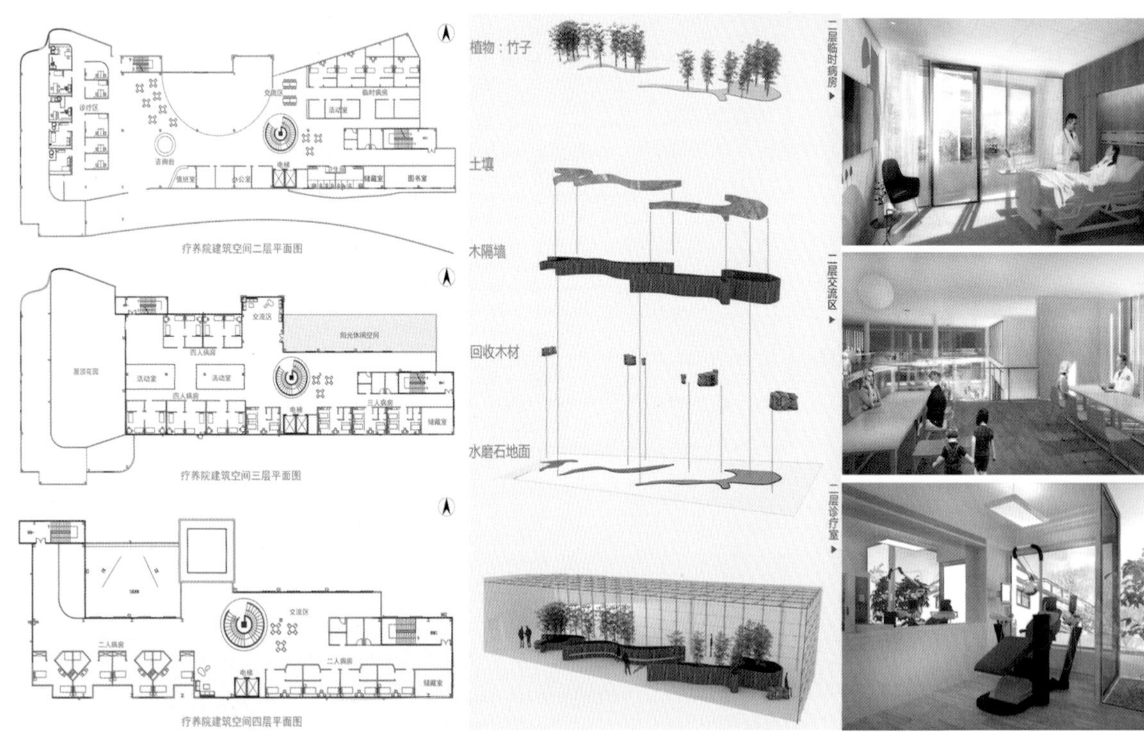

疗养院建筑空间二层平面图

疗养院建筑空间三层平面图

疗养院建筑空间四层平面图

东阿洛神湖湿地公园景观规划设计

作　者　刘珂艺

指导老师　尚红

设计说明

东阿洛神湖湿地公园位于山东省聊城市，地处黄河下游『阿胶之乡』东阿县，总面积约为35公顷。在规划设计中，通过分析现代城市湿地公园的发展模式，探索东阿洛神湖的湿地景观发展模式。方案以城市湿地景观的规划设计理论和生态规划理念为核心，遵循基址的生态环境特征，充分利用河道原有植被、农田和周边乡土景观，深入挖掘基址湿地资源，营造湿地景观，构建城市湿地公园。旨在建设一个以湿地景观为主体，具有历史文脉，富有浓厚的人文气息，具有区域性特征，兼休闲娱乐、科普宣教为一体的城市湿地公园。

山东建筑大学
艺术学院

总平面图

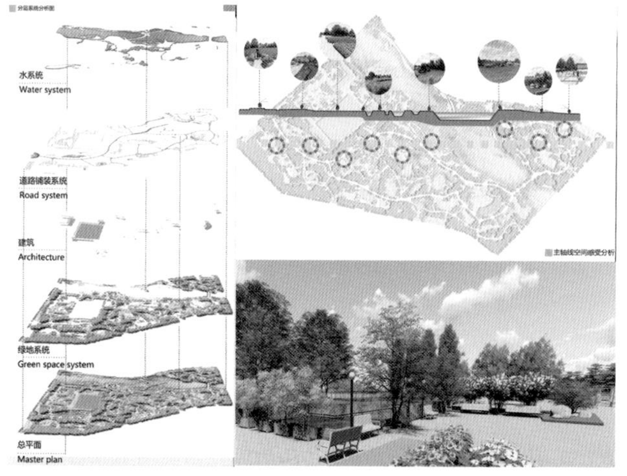

植物景观场景一

植物景观场景二

ANTENNA

作　者　朱莹　沈燕　谢岩　上官昊鹏

指导老师　宋霄雯

设计说明

城市居住文化一直以来是时代下最具探讨性的话题之一。高密度的中国城市是我们无法逃避的现实，四合院文化的逐渐消失见证着这一窘境：从拥有着胡同、小院的低矮四合院搬迁到垂直高耸的城市丛林公寓中，从原来熟悉的拉家常的邻居到住了这么多年也叫不出楼上楼下邻居名字的陌生人。因此，我们选择的关注点是——在社会、城市、自然和人之间如何寻找新的平衡与和谐，即「联系」所在。

浙江师范大学

美术学院环境艺术设计系

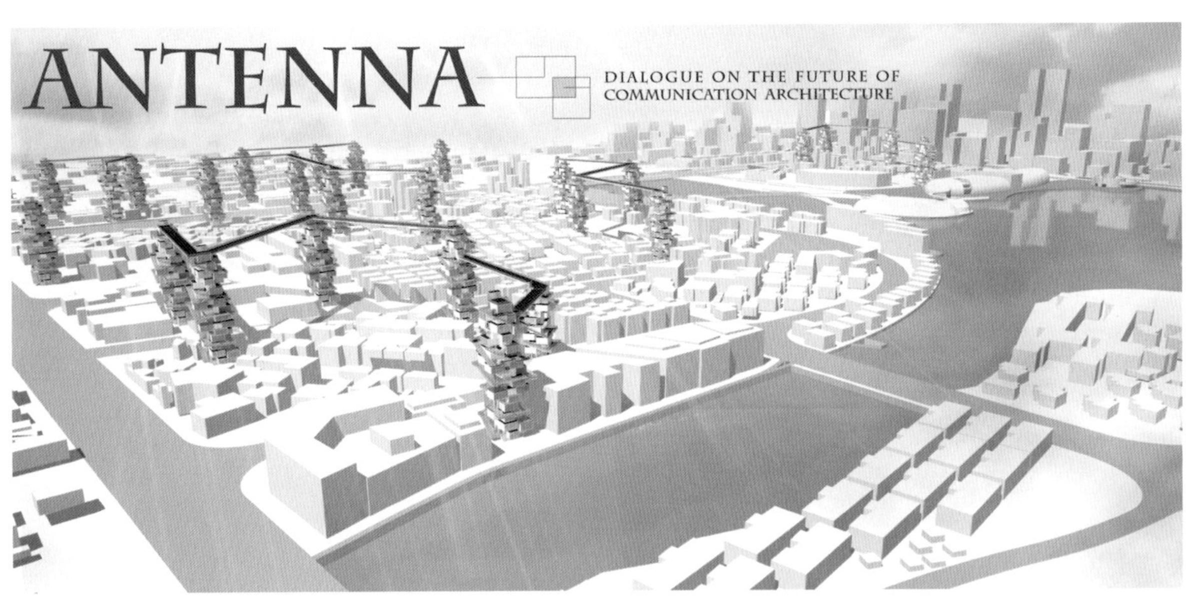

ANTENNA——PRELIMINARY INVESTIGATION

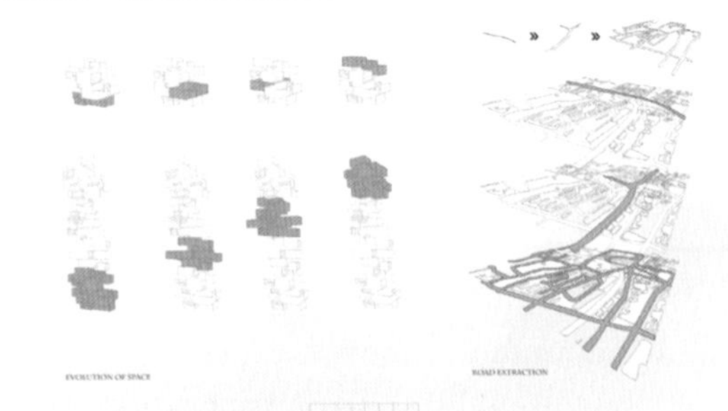

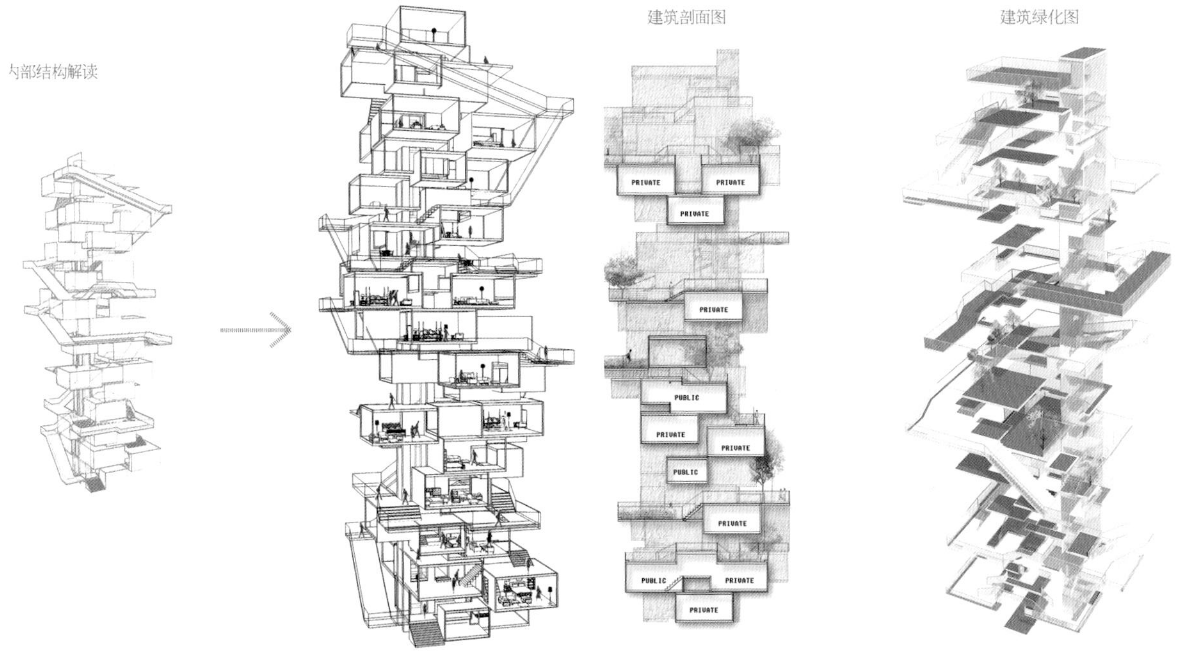
内部结构解读
建筑剖面图
建筑绿化图
PRIVATE
PRIVATE
PRIVATE
PRIVATE
PUBLIC
PRIVATE
PRIVATE
PUBLIC
PRIVATE
PUBLIC
PRIVATE
PRIVATE

山间几何　景观设计

作　者　刘乔宇

指导老师　柏冬燕

设计说明

丘吉尔说过这样的一句话：「我们塑造了环境，环境又影响了我们。」人们在适应环境的同时又在不断地改变环境；社会发展迅速，钢筋混凝土逐渐取代了自然景观，人们更需要呼吸新鲜的空气感受自然的山水阳光；同时，科技的进步，扁平化视觉逐渐成了大众审美的标准，几何体点线面设计不断地充斥在人们赖以生存的空间环境中，通过这种几何结构形式来重新塑造新的景观设计，同时通过复杂山地湖泊生态结构，打造因地制宜的景观空间场所。

济宁学院
美术系

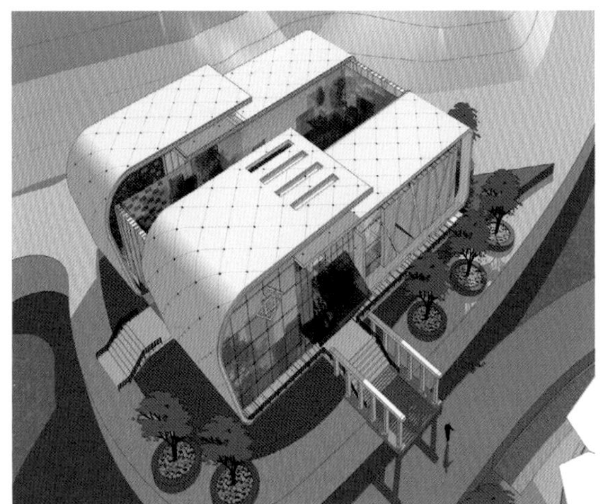

融 和平主题展示空间设计

作　者　刘振斌

指导老师　丰兴军

设计说明

通过战争与和平的对立，加大观者体验从而使观者进一步加强对战争的抵制，和对和平的向往以及对当下和平生活的珍惜。利用对立、矛盾的手法，在表现形式上着重展示两者的矛盾性，运用分总的逻辑思路，在展示形式上作出相应的布局。设计起初就加强两者的矛盾性，使观者能在第一时间感受到两者的矛盾，在展示结尾处展示出战争的灭亡与和平的气息，更加进一步地凸显出主题『融』。

济宁学院
美术系

战争·和平
PEACE · WAR

树影婆娑——主题咖啡厅

作　者　黄鹤

指导老师　王慧卿

设计说明

本案是以森林系列为主题的咖啡厅。森林中树影摇曳、婆娑生姿，令人憧憬，表现在本案中隐喻为一束束斑驳的阳光，光斑映射室内仿佛轻歌起舞。结合窗口透光性的强弱，以及可调节的卷帘遮罩，使阳光打入室内具有了可控性，从而营造出斑驳的光影效果，以契合树影婆娑的主题。

山东理工大学
美术学院

光影分析
无造型窗户（方形）
造型玻璃（不规则图形）
绿色玻璃（不规则图形）
结合后总体造型，不规则的多边形变化，使打入室内的光为光束

SADAN 监狱主题酒店建筑环境设计

作　者　周尊尧

指导老师　邓琛

设计说明

SADAN 监狱酒店的理念意义是让大众去探索、去体会监狱这个神秘又充满禁锢的世界，从而吸引社会对监狱更高的关注度，让人们亲身去体验身处监狱的服刑人员是如何在里面改造学习及生活的，从而激发人们的体验感。针对监狱和酒店的功能之间诸多的冲突，设计之初做了明确的定位。在选材的应用中，为了营造监狱空间的特殊感和孤寂感，在材料中大量应用混凝土、钢架结构、玻璃、装饰板等材料搭配，使空间呈现独特、简约、时尚的形式特征。

齐鲁工业大学艺术学院

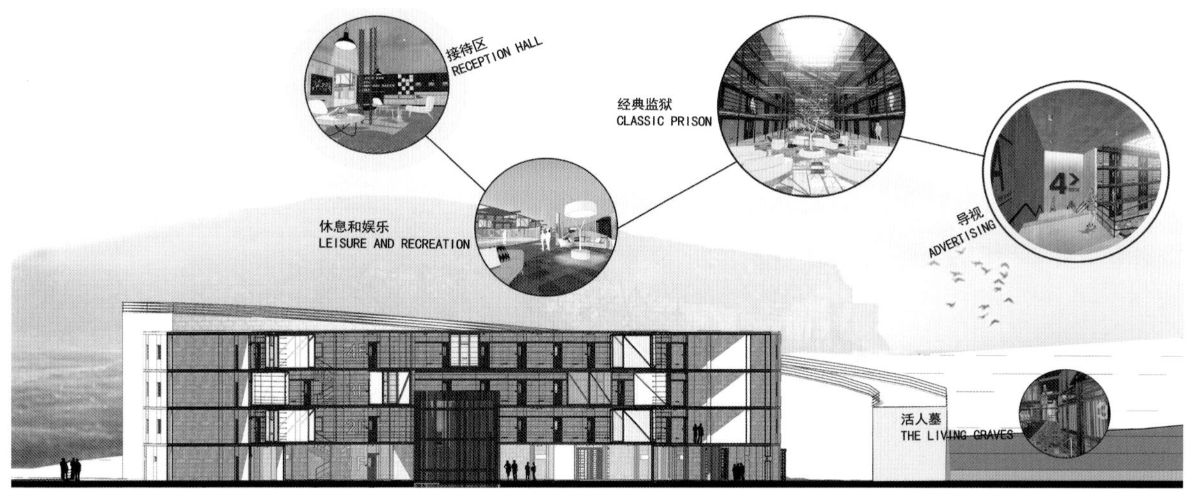
接待区
RECEPTION HALL
经典监狱
CLASSIC PRISON
休息和娱乐
LEISURE AND RECREATION
导视
ADVERTISING
活人墓
THE LIVING GRAVES

339

No Smoking

墨趣书吧建筑空间设计

作　者　高晓辉

指导老师　李健华

设计说明

方案的设计以Loft风格打造书吧，通过对既定空间的大胆切割、重构来诠释自由生活概念。结合不规则木作、铁件架结构建筑体框架，并施以大量清玻璃营造通透视野，弱化了室内与户外的分界，制造视觉上的协调感。同时对粗糙的柱壁、灰暗的水泥地面、裸露的钢结构进行再设计，使其蕴涵个性化的审美情趣。营造了一种自然、休闲的气氛，并且木材的花纹、光泽和颜色具有天然的魅力，还原了空间的使用本质，体现与自然共存的真谛。

齐鲁工业大学
艺术学院

sony
sony style

青岛八大关景区滨海景观规划设计

作　者　胡保臻

指导老师　李军

设计说明

本方案的设计主旨是让人们感受到森林与海洋的双重体验，以青岛滨海城市的文化为背景进行设计，把人工建造的景观和当地自然环境融为一体，增强人与自然的和谐性。设计元素是由海浪延伸来的曲线，再加上由植被和建筑形成的点，共同形成一个丰富的景观平面。主要包含滨海行道、木栈道、花田、游船码头、阳光草坪、林荫广场、观光游廊、景观雕塑、紫薇小道、樱花大道等。而两大曲线（滨海行道和木栈道）作为纽带将各景观节点串联成一个有机的整体。

齐鲁工业大学艺术学院

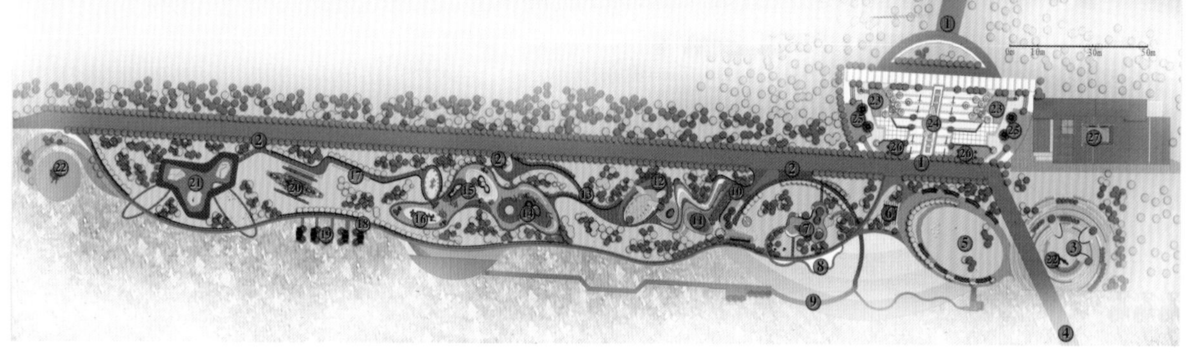

黑豹啤酒花园

作　者　周国兴

指导老师　黄淋雨

设计说明

随着人类社会步入信息化时代，创意产业的迅速崛起，逐渐成为带动经济增长的主动力量，同时也为旧厂房的改造与再利用提供良机，大量的废旧厂房在失去原有功能的情况下通过创意设计改造被赋予了新的使用功能。

在新与旧的交替中，寻找空间里有价值和韵味的元素加以保留、改造和利用，从而让厂房以别致的面貌出现，同时又可以让厂房的生活空间不断得以更新和存活，以此来形成一种历史延伸的节奏。在改造的过程中，注意保留原厂房具有历史文化价值的符号，并在设计中利用这样的符号与现代生活的符号相结合，形成一种空间结构的变换节奏。

时间是一直流动的，却又是磨灭不掉的。

山东英才学院
建筑与景观设计学院

黑豹啤酒花园

互联网+建筑
上海法租界凯文公寓基地改造设计

作　者　胡蝶

指导老师　顾林奎

设计说明

这是一个日新月异变化的时代，也一个追求新奇、独特、自我的时代，互联网以信息的急速膨胀占据人们生活的方方面面，建筑，也需要适应这新的变化。基地内原有法租界老建筑两栋，希望本次设计除了呼应时代的主题外，也能对老建筑作出合理的改建，使新旧建筑互相适应，共生共荣，为基地提供活力。

上海大学
美术学院建筑学专业

平
路
衡
山
路
吴
兴
路
建
国
西
路

创客·萤火乡

作　者　金毅

指导老师　刘勇

设计说明

自然与城市的矛盾，乡村是美但是落后、萧瑟，都市更便捷、更繁荣，这是越来越多的年轻人对于都市、对于乡村的看法，也正是越来越多美丽乡村消失的原因。但是乡村正是人与自然最原始本真的生活方式的一种体现，在城市化的背后，其实也正出现人类对自然生活的忘却与丧失，通过本次改造，志在于唤醒人们对于自然的留恋与渴望。希望乡村能够成为一片心灵的自留地，而不是慢慢地消失。这就是我想通过本次设计去发现及思索的一个问题。

上海大学美术学院
建筑学专业

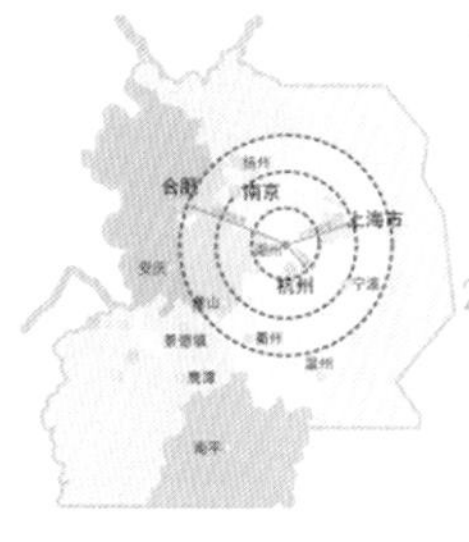

▲德清区位分析图

1、区位分析

筏头乡隶属湖州德清县，位于德清县西部，筏头乡在地理位置上更接近杭州。筏头乡距德清县城和安吉县城均是30分钟车程。筏头乡位于德清高铁站一小时辐射范围区域内。

2、规划范围

筏基地位于筏头乡乡驻地北侧，属于筏头老街范围。本次规划面积11.49公顷，主要集中在筏头街道路两侧。地块东北朝西南走向。

东西长约1km，南北约200m。基地背靠莫干山南麓，面朝莫干湖（对河口水库），背山面湖，自然条件优势明显。

3、功能结构

基地在筏头乡总体规划功能分区中属于老街住区片区，以传统商贸居住为主。规划轴线从基地范围内横穿。

4、土地利用

基地范围内，钱佰公路北侧用地性质为一类居住用地，属高品质居住用地，较之原先村庄建设用地，居住用地大幅度增加。筏头街南侧用地将作为对河口水库淹没区。土地利用率较低。

5、民俗历史

德清名由“人有德行，如水至清”。民风淳朴，如名般又德又清。水土物种资源丰富，常见有鸟鹭等动物出没。历史悠久，自新石器时代就已有人居住。德清素有“名山之胜，鱼米之乡，丝绸之府，竹茶之地，文化之邦”的美誉。

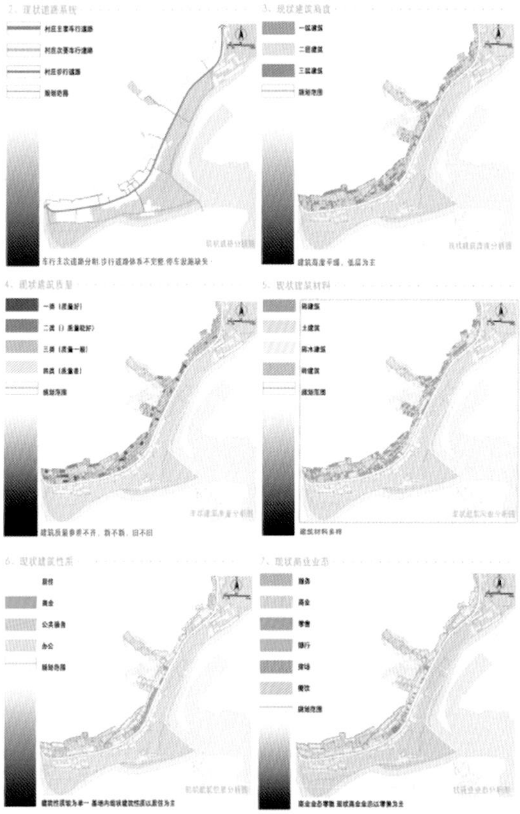

2、现状道路系统

车行主次道路分明，步行道路体系不完整，停车设施缺失

3、现状建筑高度

建筑高度平缓，低层为主

4、现状建筑质量

建筑质量参差不齐，新不新，旧不旧

5、现状建筑材料

6、现状建筑性质

7、现状商业业态

▼传统浙北民居

1.采用一暗两明的建筑布局。
2.建筑多为1-2层，以粉墙黛瓦为主要特色。
3.屋顶形式多为硬山坡屋顶，后里面为重檐。
4.结构为穿斗式木构为主，多为木构与砖石。
5.底层外墙为石墙基上砌砖墙，墙面白抹灰。
6.建筑采用传统木制门、木扇窗、木栏杆。
7.由石砌墙基与台阶形成入户平台。

▼浙北夯土建筑

1.采用一暗两明的建筑布局。
2.建筑层数较多为1-2层，粉墙黛瓦为主要特色。
3.屋顶形式多为硬山坡屋顶，屋顶材质多为黑筒瓦。
4.结构为穿斗式木构为主，木构与夯土混合承重。
5.外墙为石墙基，上砌夯土墙，和白色抹灰饰面。
6.建筑采用传统的木制门、木制扇窗和木制栏杆。
7.居住者较少，大部分为弃宅荒宅。

▼70-80年代砖混结构民居建筑

1.三开间一字排开布局。
2.建筑层数多为2-3层，色彩以灰色为主要色调。
3.屋顶以起缓坡的坡屋顶为主，屋顶材质为红色平瓦或黑色筒瓦。
4.房屋采用砖墙来承重，钢筋混凝土梁柱板等构件构成的混合结构。v
5.墙面多为水刷石面或瓷砖贴面，配合毛石墙基。
6.采用深色木质门窗。

▼现代民居建筑

1.自由灵活的建筑布局。
2.建筑多为3层，以彩色与白色搭配为特点。
3.屋顶形式多以起较缓坡的坡屋顶或平屋顶为主，屋顶材质为红瓦或彩钢屋面。
4.房屋采用砖墙来承重，钢筋混凝土梁柱板等构件构成的混合结构。
5.墙面多为白色瓷砖或彩色马赛克贴面。
6.门窗多采用铝合金塑钢门窗。

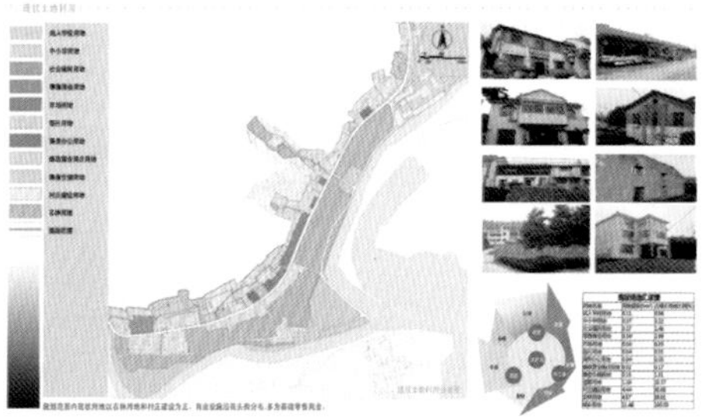

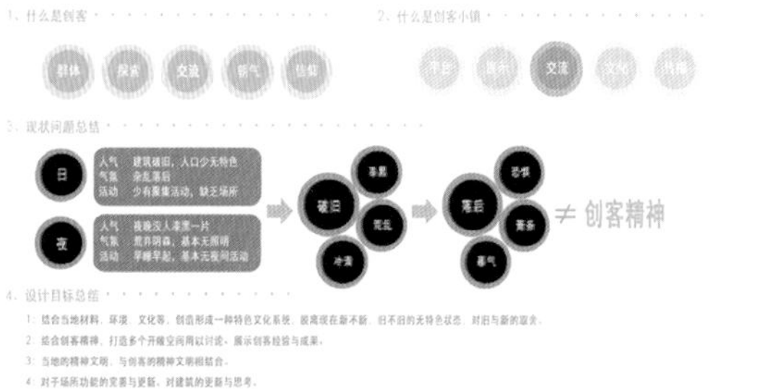

1、什么是创客

2、什么是创客小镇

3、现状问题总结

日：人气 建筑破旧，人口少无特色；气氛 杂乱落后；活动 少有聚集活动，缺乏场所

夜：人气 夜晚没人漆黑一片；气氛 荒芜阴森，基本无照明；活动 早睡早起，基本无夜间活动

破旧、漆黑、荒乱、冷清 → 落后、恐惧、萧条、暮气 ≠ 创客精神

4、设计目标总结

1. 结合当地材料、环境、文化等，创造形成一种特色文化系统，摆脱现在新不新、旧不旧的无特色状态，对旧与新的取舍。
2. 结合创客精神，打造多个开敞空间用以讨论、展示创客经验与成果。
3. 当地的精神文明，与创客的精神文明相结合。
4. 对于场所功能的置换与更新，对建筑的更新与思考。

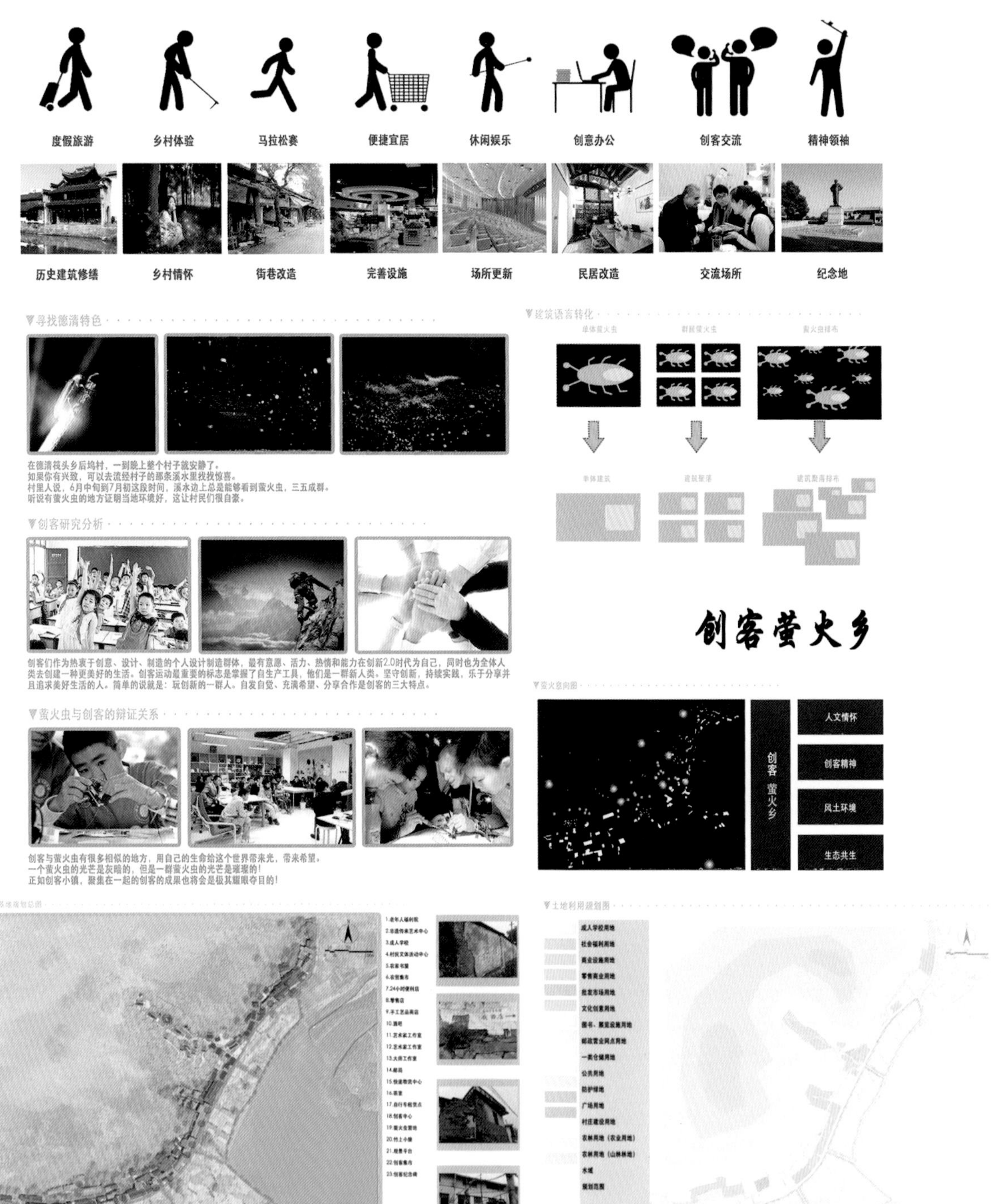

度假旅游
乡村体验
马拉松赛
便捷宜居
休闲娱乐
创意办公
创客交流
精神领袖
历史建筑修缮
乡村情怀
街巷改造
完善设施
场所更新
民居改造
交流场所
纪念地
▼寻找德清特色
在德清筏头乡后坞村，一到晚上整个村子就安静了。
如果你有兴致，可以去流经村子的那条溪水里找找惊喜。
村里人说，6月中旬到7月初这段时间，溪水边上总是能够看到萤火虫，三五成群。
听说有萤火虫的地方证明当地环境好，这让村民们很自豪。
▼创客研究分析
创客们作为热衷于创意、设计、制造的个人设计制造群体，最有意愿、活力、热情和能力在创新2.0时代为自己，同时也为全体人类去创建一种更美好的生活。创客运动最重要的标志是掌握了自生产工具，他们是一群新人类。坚守创新，持续实践，乐于分享并且追求美好生活的人。简单的说就是：玩创新的一群人。自发自觉、充满希望、分享合作是创客的三大特点。
▼萤火虫与创客的辩证关系
创客与萤火虫有很多相似的地方，用自己的生命给这个世界带来光，带来希望。
一个萤火虫的光芒是灰暗的，但是一群萤火虫的光芒是璀璨的！
正如创客小镇，聚集在一起的创客的成果也将会是极其耀眼夺目的！
▼建筑语言转化
创客萤火乡
人文情怀
创客精神
风土环境
生态共生
创客
萤火乡
1.老年人福利院
2.非遗传承艺术中心
3.成人学校
4.村民文体活动中心
5.农家书屋
6.农贸集市
7.24小时便利店
8.零售店
9.手工艺品商店
10.酒吧
11.艺术家工作室
12.艺术家工作室
13.大师工作室
14.邮局
15.快递物流中心
16.茶室
17.自行车租赁点
18.创客中心
19.萤火虫营地
20.竹上小憩
21.观景平台
22.创客集市
23.创客纪念碑
▼土地利用规划图
成人学校用地
社会福利用地
商业设施用地
零售商业用地
批发市场用地
文化创意用地
图书、展览设施用地
邮政营业网点用地
一类仓储用地
公共用地
防护绿地
广场用地
村庄建设用地
农林用地（农业用地）
农林用地（山林林地）
水域
规划范围
现状土地利用分析图
规划范围内现状用地以农林用地和村庄建设为主，商业设施沿筏头街分布，多为基础零售商业。

▼良好交流环境研究

案例分析
取自：拉斐尔《雅典学院》

整个壁画洋溢着浓厚的学术研究和自由辩论的空气，所有的人们都是那样毫无拘束地按照自己的意志和个性在进行活动，享有充分的自由。各种人物的活动和动态，都是统一在一个为探求科学真理而自由争辩的崇高主题之中。拉斐尔的《雅典学院》唱出了人类的自觉和理智的赞歌，它歌颂的是人类对智慧和对真理的追求，赞美的是人类生机勃勃的、壮丽辉煌的创造之光，画中的大台阶功不可没。

▼交流场所构造模式

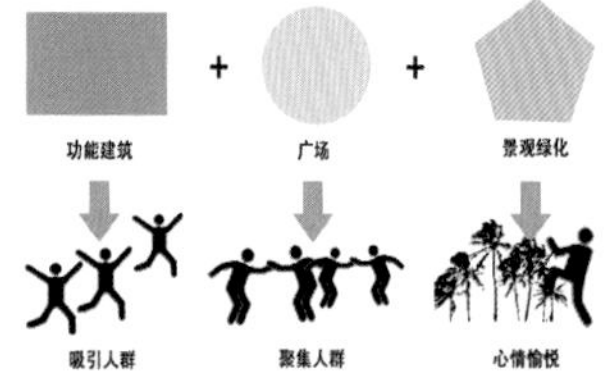

▼创客心理研究与空间需求

创客首先是一群勇于探索，热爱创新的群体。
其次，是一种展示自我的欲望，
希望能够被世人的目光所聚焦。
再者，对于交流的迫切与渴求，
空间与合作探索。
在山清水秀之地，所追求的一种宁静平和，
更是有一种摆脱俗世干扰专心创作的信念。
但又和对展示自我有一种自相矛盾的悖论，
又想安静，又想别人看，
这种心理是很重要的探索。

交流空间分析

群体空间

交流空间

展示空间

钻研空间

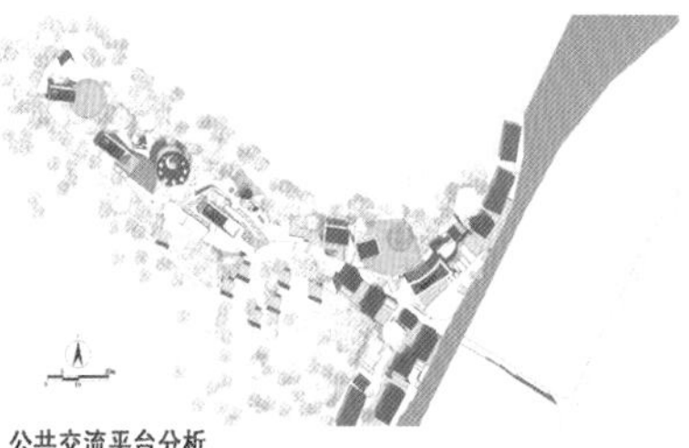

创客工作室

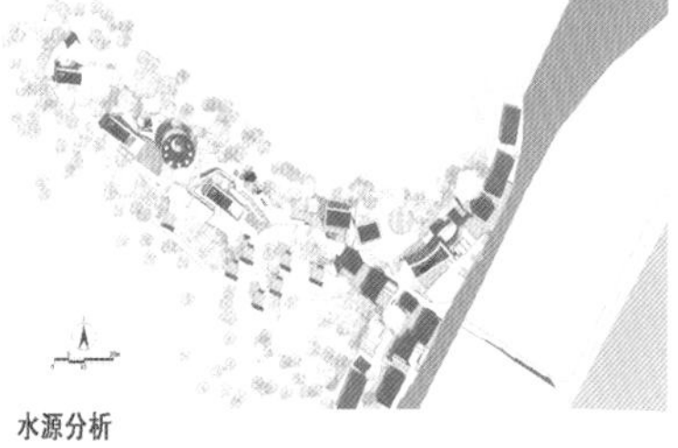

公共交流平台分析

水源分析

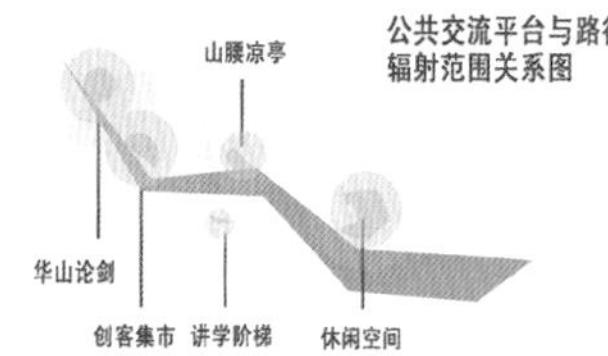

竹上萤火屋

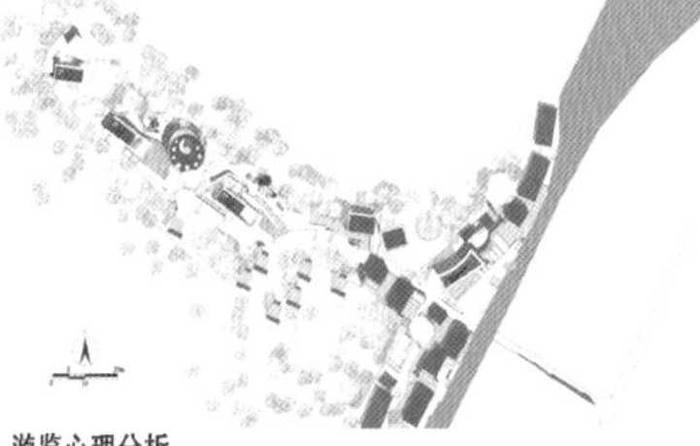

游览心理分析

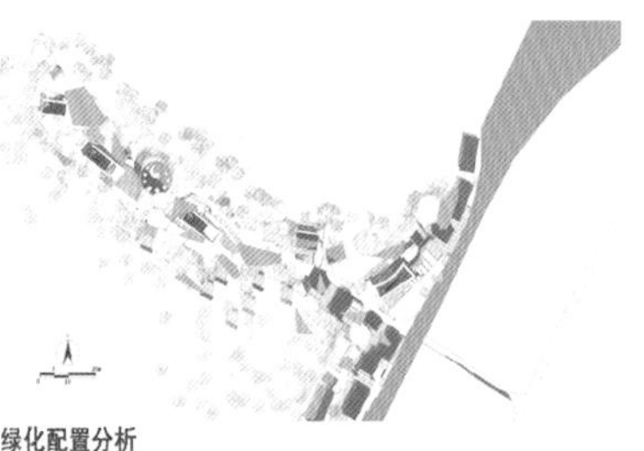

绿化配置分析

竹上萤火屋 + 萤火虫林

树屋体验 + 乡村氛围

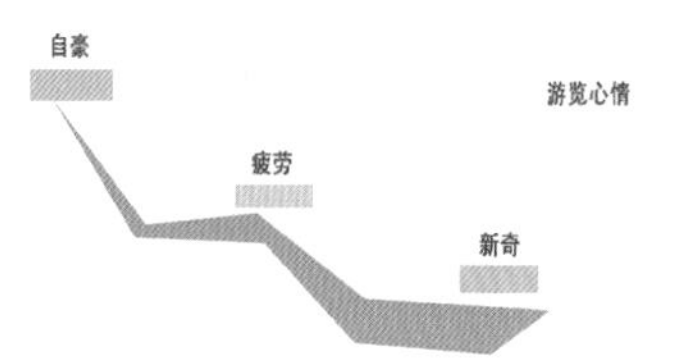

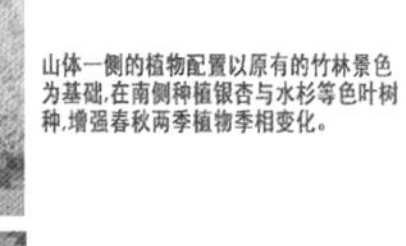

山体一侧的植物配置以原有的竹林景色为基础，在南侧种植银杏与水杉等色叶树种，增强春秋两季植物季相变化。

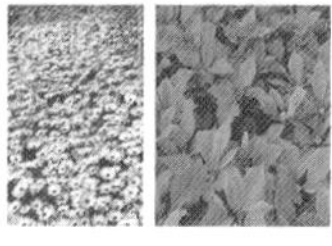

建筑物周围种植花圃，上山时，伴随花香，让登山气氛更加舒适欢喜，富有情与惊喜趣。

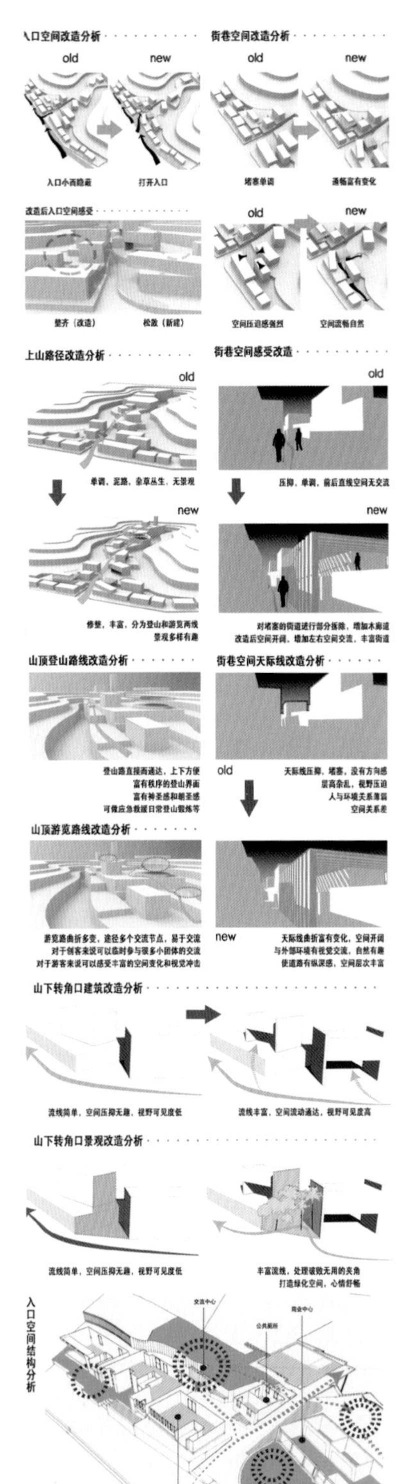
入口空间改造分析
old
new
入口小而隐蔽
打开入口
街巷空间改造分析
old
new
堵塞单调
通畅富有变化
改造后入口空间感受
整齐（改造）
松散（新建）
old
new
空间压迫感强烈
空间流畅自然
上山路径改造分析
old
单调，泥路，杂草丛生，无景观
new
修整，丰富，分为登山和游览两线
景观多样有趣
街巷空间感受改造
old
压抑，单调，前后直线空间无交流
new
对堵塞的街道进行部分拆除，增加木廊道
改造后空间开阔，增加左右空间交流，丰富街道
山顶登山路线改造分析
登山路直接而通达，上下方便
富有秩序的登山界面
富有神圣感和朝圣感
可供应急救援日常登山锻炼等
街巷空间天际线改造分析
old
天际线压抑，堵塞，没有方向感
层高杂乱，视野压迫
人与环境关系薄弱
空间关系差
山顶游览路线改造分析
游览路曲折多变，途径多个交流节点，易于交流
对于创客来说可以临时参与很多小团体的交流
对于游客来说可以感受丰富的空间变化和视觉冲击
new
天际线曲折富有变化，空间开阔
与外部环境有视觉交流，自然有趣
使道路有纵深感，空间层次丰富
山下转角口建筑改造分析
流线简单，空间压抑无趣，视野可见度低
流线丰富，空间流动通达，视野可见度高
山下转角口景观改造分析
流线简单，空间压抑无趣，视野可见度低
丰富流线，处理破败无用的夹角
打造绿化空间，心情舒畅
入口空间结构分析
交流中心
商业中心
公共厕所
创客工作室

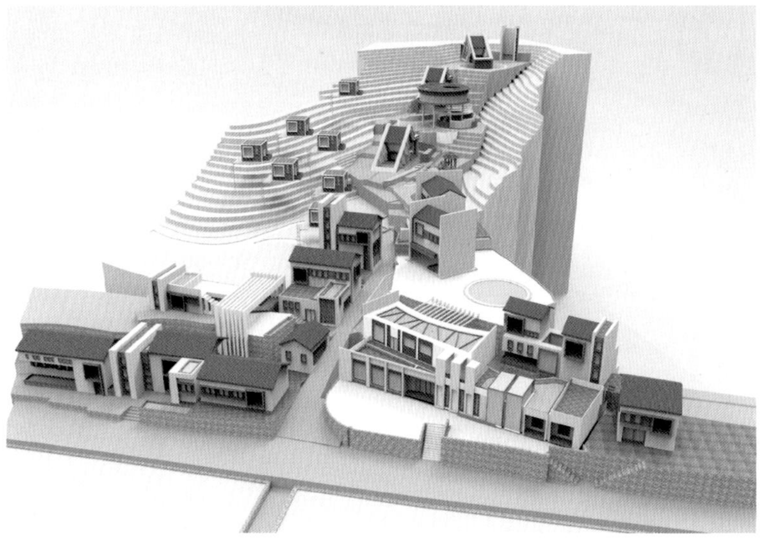

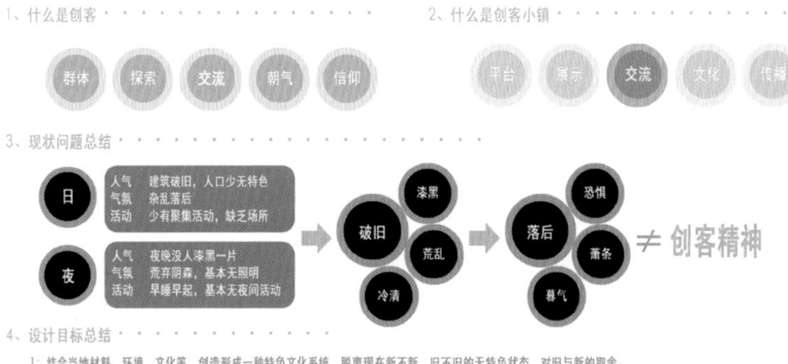
1、什么是创客
群体
探索
交流
朝气
信仰
2、什么是创客小镇
平台
展示
交流
文化
传播
3、现状问题总结
日
人气　建筑破旧，人口少无特色
气氛　杂乱落后
活动　少有聚集活动，缺乏场所
夜
人气　夜晚没人漆黑一片
气氛　荒弃阴森，基本无照明
活动　早睡早起，基本无夜间活动
破旧
漆黑
荒乱
冷清
落后
恐惧
萧条
暮气
≠ 创客精神
4、设计目标总结
1：结合当地材料，环境，文化等，创造形成一种特色文化系统，脱离现在新不新，旧不旧的无特色状态，对旧与新的取舍。
2：结合创客精神，打造多个开敞空间用以讨论、展示创客经验与成果。
3：当地的精神文明，与创客的精神文明相结合。
4：对于场所功能的完善与更新。对建筑的更新与思考。

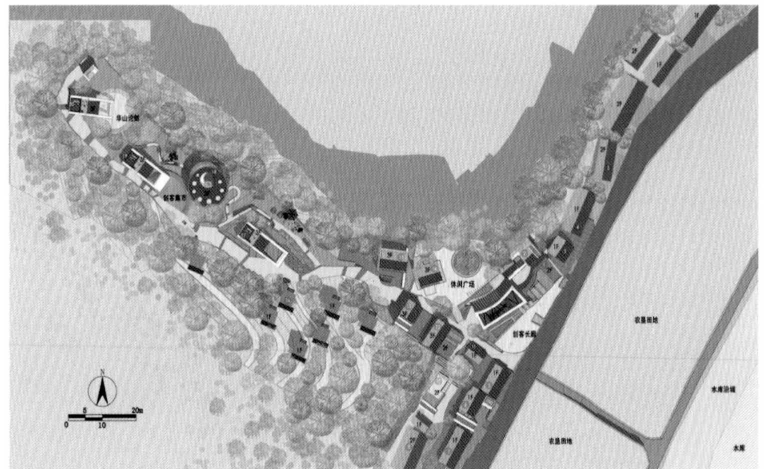
休闲广场
创客长廊
农田用地
水库沿福
农田用地
水库
N
0
5
10
20m

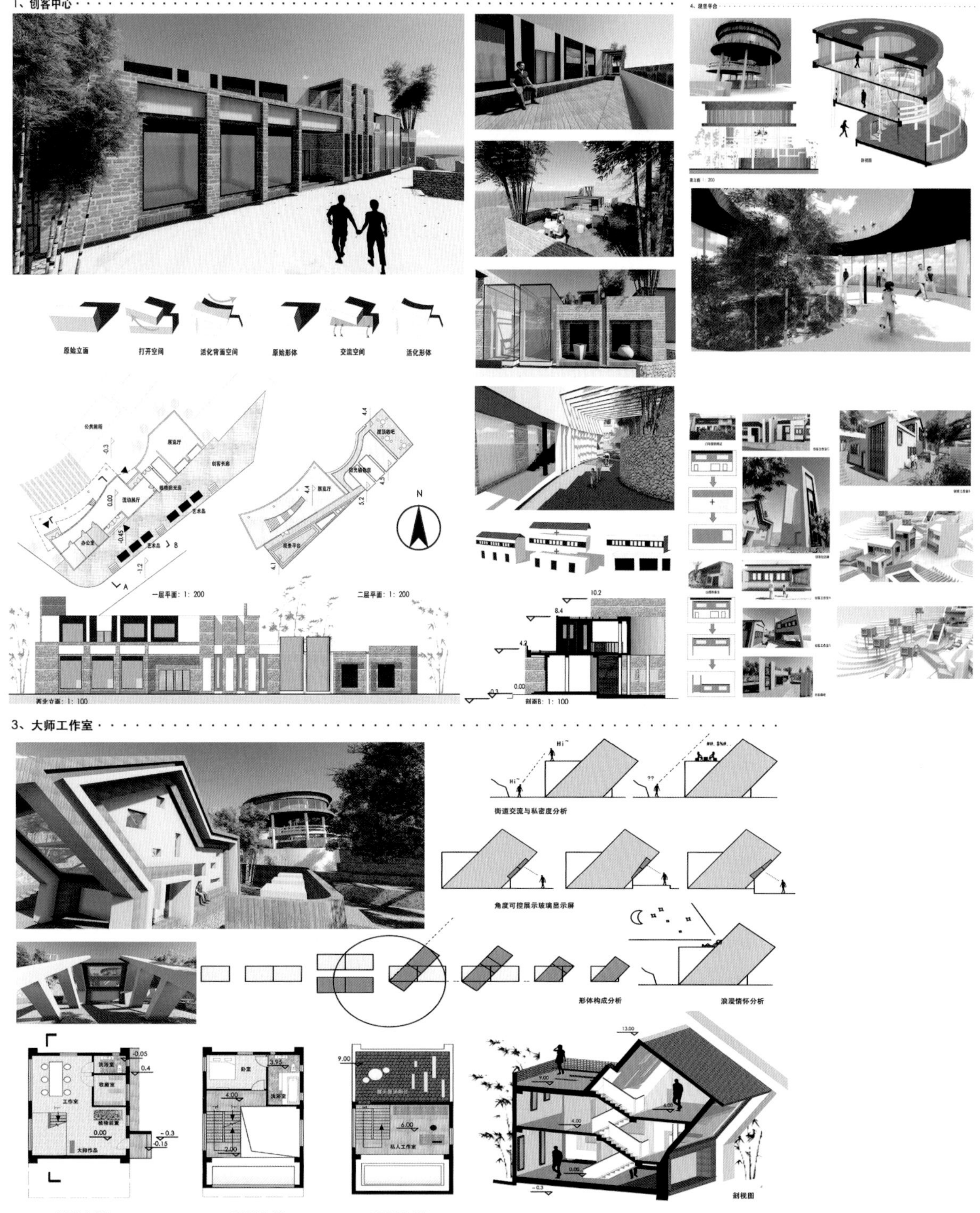
1、创客中心
原始立面
打开空间
活化背面空间
原始形体
交流空间
活化形体
一层平面：1：200
二层平面：1：200
西北立面：1：100
剖面B：1：100
3、大师工作室
街道交流与私密度分析
角度可控展示玻璃显示屏
形体构成分析
浪漫情怀分析
一层平面 1：150
二层平面 1：150
三层平面 1：150
剖视图

Permeated With Music
音乐盒子

作　　者　李晗玥

指导老师　李建中

设计说明

现代音乐博物馆是中国目前博物馆的空缺。基于上海是摩登音乐发祥地，外国租界区是其滋养之地，因此在这里营造一个现代音乐博物馆为主的综合片区是符合城市语境的。

围绕法式地中海建筑风格的剑桥角公寓的博物馆更新设计，打造一个向城市开放的，尊重历史风貌的现代音乐产业综合基地。

设计通过历史保护建筑更新研究，希望通过叠加和半透明性营造的现代手法对风貌区进行普世并快速的更新营造。在保持历史风貌延续的情况下又表现出时代精神。

上海大学美术学院
建筑学专业

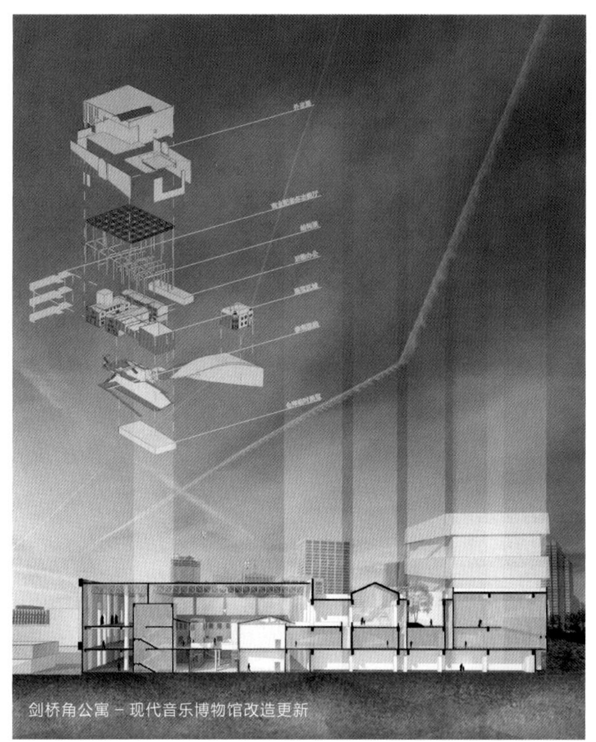

剑桥角公寓－现代音乐博物馆改造更新

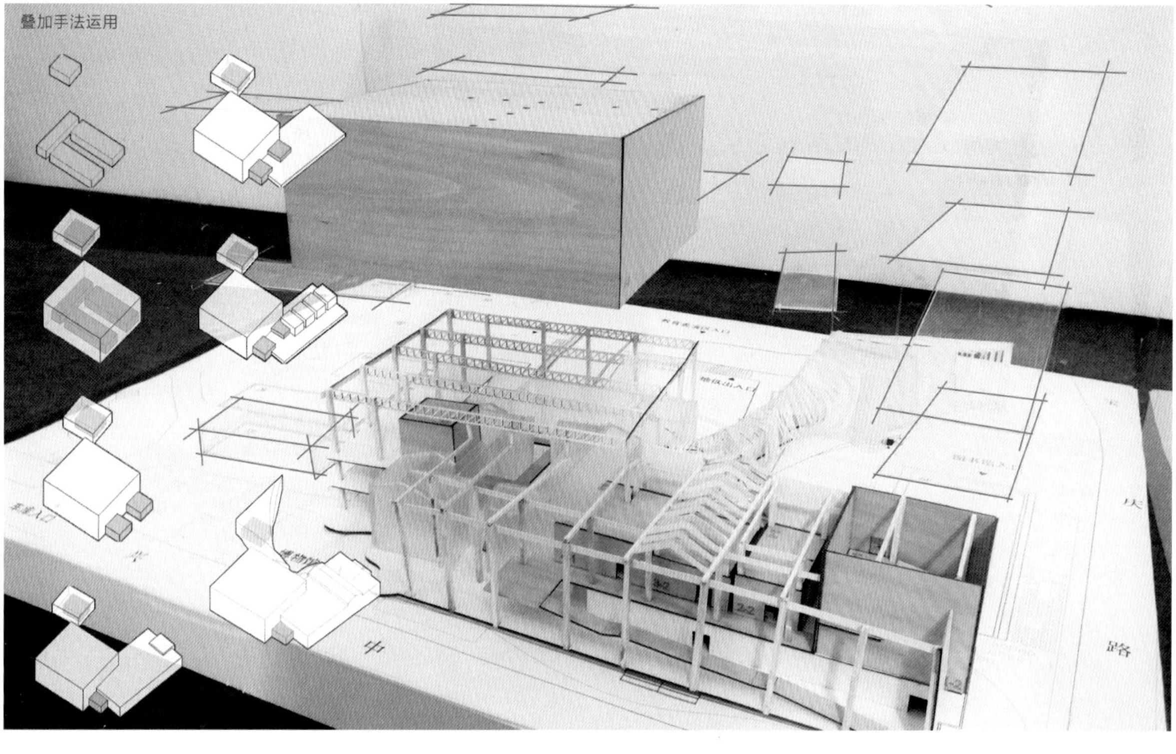

叠加手法运用

四季更迭 船厂新颜——嵊泗边礁岙船厂艺术营地改造

作 者 马瑞

指导老师 魏秦

上海大学美术学院
建筑学专业

设计说明

经调研考察边礁岙渔村的生存现状和文化生活，发现渔民逐渐外流、渔文化传播断层等问题，半闲置船厂的艺术化改造成为渔村复苏与发展的切入点。本次设计以渔村原有业态为基础，通过对渔文化的提炼和船厂半闲置空间的再利用，塑造出展览、体验、休闲餐饮、住宿、生产等空间场所；根据捕鱼业生产时节特点，将活动时间分为以生产科普为主的捕鱼期和以艺术教学为主的休渔期。达到活化传统船厂的目的，在保留生产需要的同时，实现「四季更迭，船厂新颜」的主题。

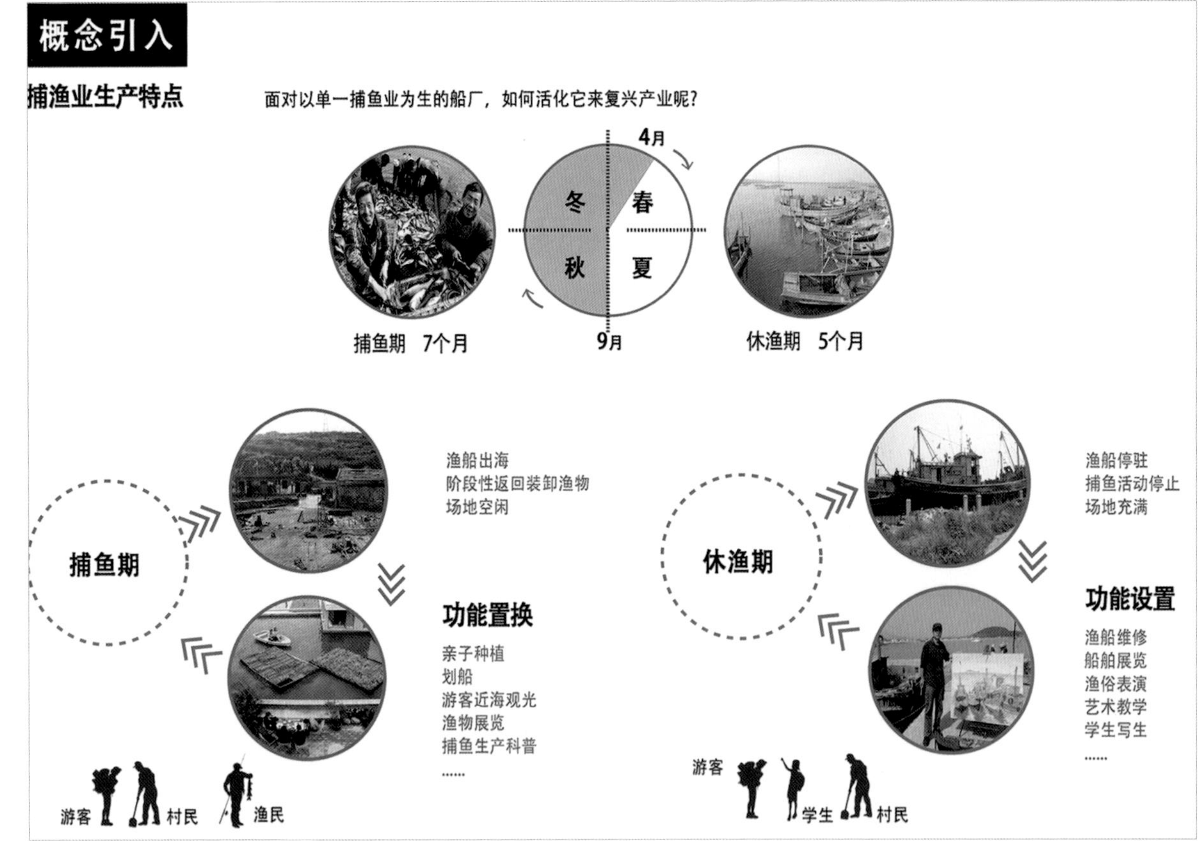

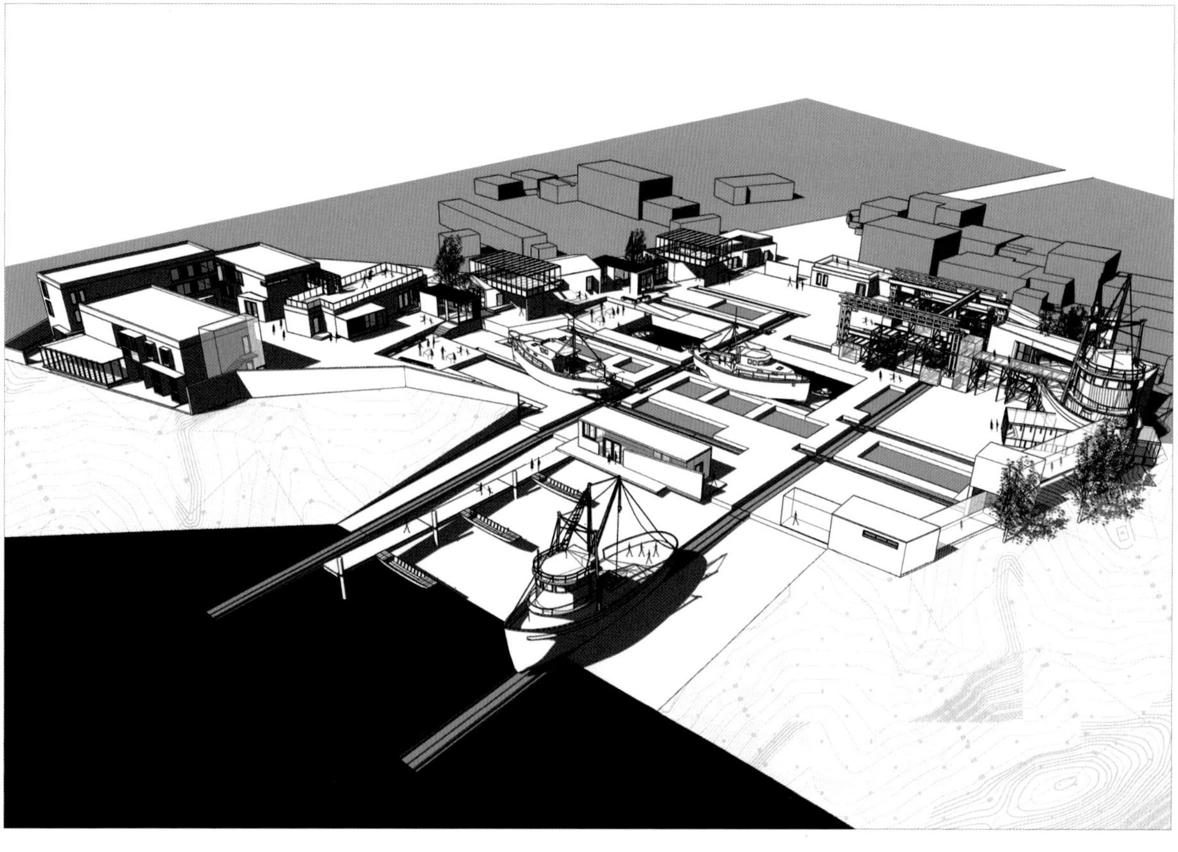

深圳市坝光古银叶树自然生态保护区设计

作　者　龙子豪

指导老师　许慧

设计说明

本设计通过了解深圳市坝光古银叶树保护区的现状，对古银叶树保护以及盐灶村进行解读，深入分析人与树的关系，并整合银叶树故事、鱼耕文化、东江纵队史实等内容。运用景观叙事手法，以「一颗种子、一个村子、一片银叶树林」为主题，阐述人类活动与古银叶树互为生长的过程和景观的生态修复措施。

深圳大学
艺术与设计学院

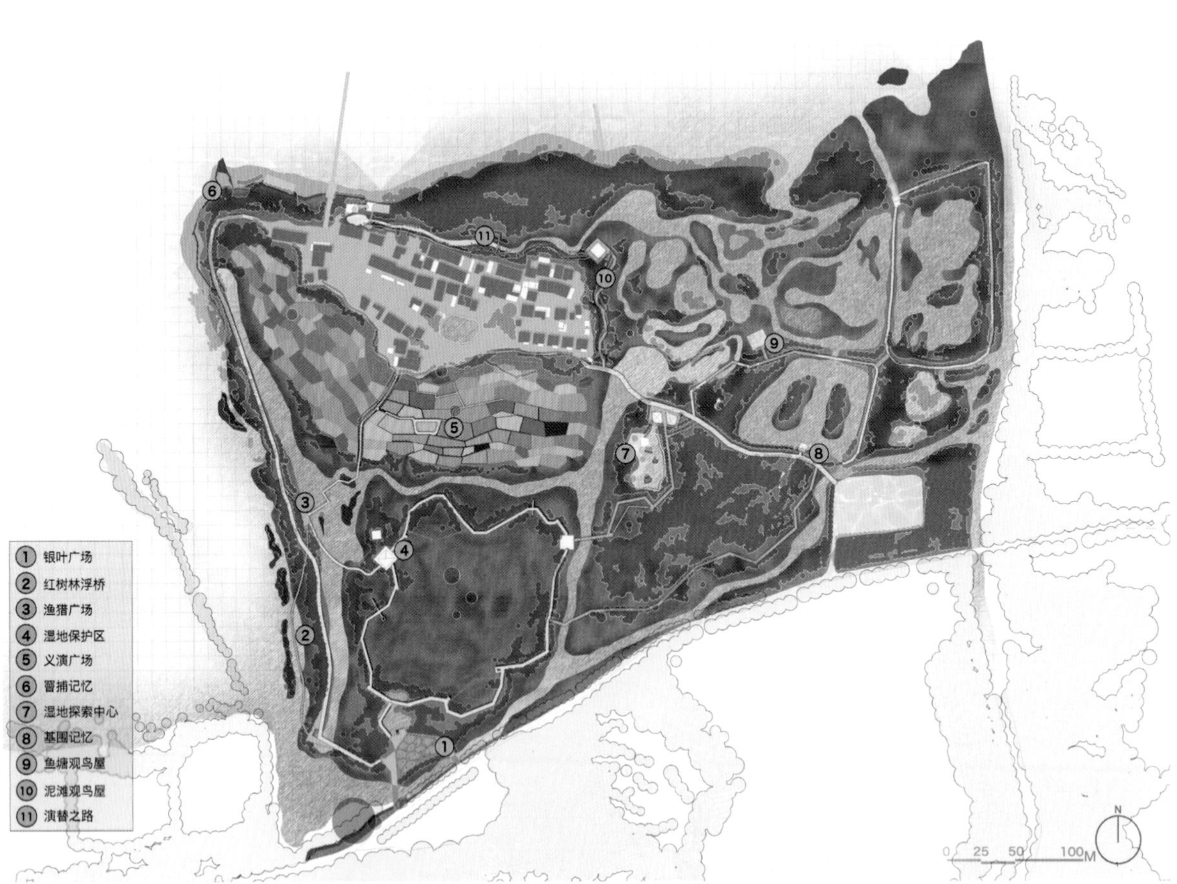

盐灶先人带回种子并种下
Bring back the seeds and plant it

银叶树生根发芽，庇护着村子
Trees take root and sprout, and protect the village.

Forest

Village

Seed

浮桥

有破坏就会有新生，每年都会有大量的银叶树种子成熟掉落在银叶树底下生根发芽，长成幼苗。但单一的林相降低了环境多样性，不利于银叶树的生长繁殖。利用海岸原有滩涂作为养殖田，并且在养殖田上安置一座可供游客穿行的浮桥，游客在浮桥上可近距离地观察到银叶树的生长过程。

银叶广场

入口处设计了一个银叶广场，广场上有 27 个阵列排布的树桩雕塑，对应着基地里面仅剩的 27 棵古银叶树。每一个树桩都有自己的记忆，通过触摸树桩上面的年轮，引起游客共鸣：曾经的它们为盐灶村挡风挡浪才有了盐灶人的繁衍生息，而如今盐灶人却在利益的蒙蔽下无尽止地破坏它们。

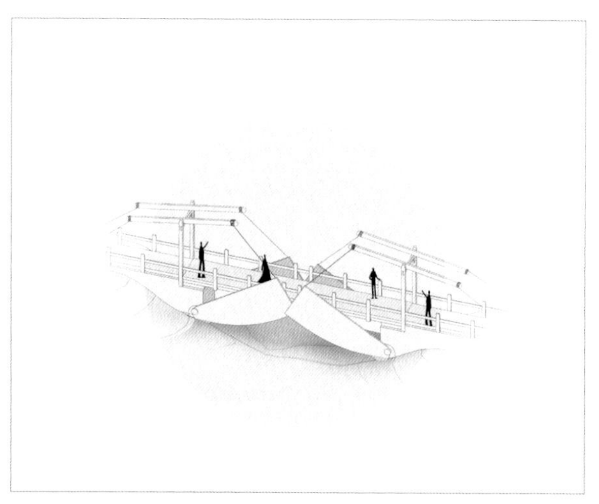

稻田义演

在基地的农田中再现了当年话剧团在乡间演出时的情景，利用情景雕塑结合科普介绍的形式让游客知道并记住，这片土地上曾经有过这样一群人。

基围记忆

20 世纪 60 年代的大会战，大规模的近海采挖珊瑚炼制石灰使得原来的沙滩面目全非，曾经的白沙湾也只剩下砖头和建筑垃圾。70 到 90 年代的围海造田，扩张了村子的面积，却更进一步地挤压了银叶树的生存空间。

在故事中，会保留原有基围鱼塘设施作为记忆性景观。

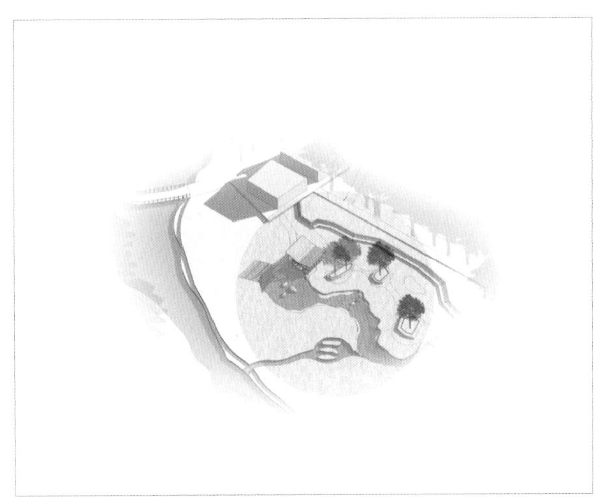

戽鱼记忆

戽鱼是指戽干水沟或河塘里的水以取鱼，在此展现深圳的渔猎文化。

罾捕记忆

深圳初始都是渔村，盐灶也不例外，靠海吃海的他们渔猎经济非常发达。但是除了一般熟知的船捕以外，还有一种古法捕鱼——“罾捕”不为游客所知。所谓罾捕，是一种吊锅形的网具，沉入水中，游鱼经过，提起而获，整个网捞的动作称为拗鱼。这种罾具，承装面积只有三四个平方米，适合单人手控。

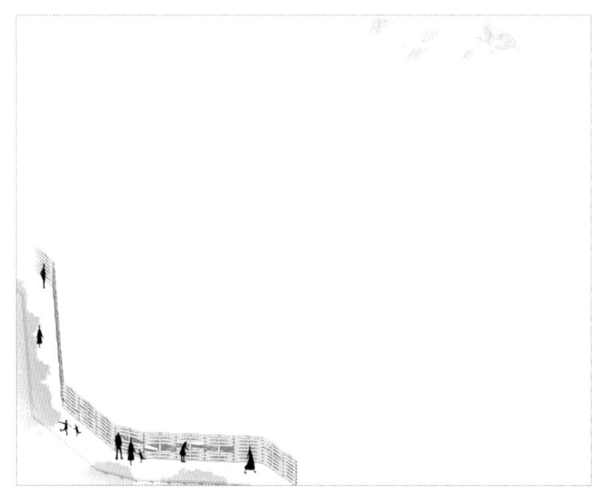

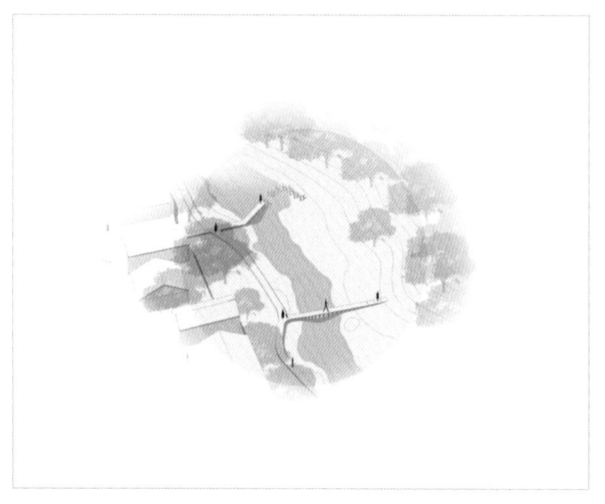

人来鸟不惊

咸淡水交汇处会滋生大量的浮游生物，而以浮游生物为食的底栖生物又会吸引大量鸟类在此觅食、栖息，为观鸟爱好者提供了一处绝佳的观鸟胜地，但是游客活动势必会影响到鸟类的正常栖息。因而在观鸟栈道旁设置了木制分隔栅栏，游客可透过栅栏的缝隙观看鸟类而不会影响到它们。

止步

游客只可在靠近村子一侧的栈道上远远地观看古银叶树林，而不能再像以前一样可以直接进入到古银叶树内部核心去观看，选择性保留原有的栈道和被砍伐的树桩一并作为记忆景观元素融入场地设计中，让游客铭记住这段历史。

城市公共生活的『黏合剂』——临时影院空间设计

作　者　钟慧敏

指导老师　李逸斐

设计说明

以「电影院」空间设计作为切入点，是希望公众能够关注到在城市更新与文化政策变革浪潮之下，电影院空间作为一种文化活动的空间载体，将如何在未来的城市空间中生存并演化。临时影院空间对于都市人群的公共生活有何种影响；临时影院渐渐作为一种社区公共生活的催化剂又将如何拓展它的影响力跟表现形式等都是本次研究内容。对临时影院的研究重点主要在于社区公共空间的组织形式，目的是设计一场观影活动而非仅仅空间本身，充分激发公众的参与性，增进社区融合。而临时影院设计的定位人群为弱势群体，目的是帮助建立信息透明、资源整合的平台。例如政策支持、招工信息栏、科普文化教育等。以影视窗口为「临时影院」的核心枢纽，参与线下的观影活动、促进群体之间互动交流，使其转变成公众人群与社区人群的黏合剂，为城市或者社区人群带来积极的效应。

深圳大学
艺术与设计学院

模块化
随时装载运输
轻松移动
一个大APP
更新、改变、迭代、升级

45°

『隼对卯说：执子之手。
卯对隼说：与子偕老。』

榫卯文化
我们的祖先早在7000年前就开始使用，这种不用钉子的构件连接方式。各个构件之间的结点以榫卯相吻合。

返朴归真
（观影空间）
剔除外表的装饰、进行文化、科普、信息资源的传播，服务于弱势群体。

返——餐饮区：食温饱，“返”即“回”。如“家”般……
朴——服装区：着简朴，“朴”即“素”。亦“满足”……
归——阅览区：识天下，“归”即“本原”。长“本领”……
真——服务区：求真相，“真”即“真相”。维“权益”……

真
归
返
朴

餐饮区——服装区——阅览室——咨询事务
Dining area · Garment District · Reading · Consulting Firm

ONE structure
TWO structure
THREE structure

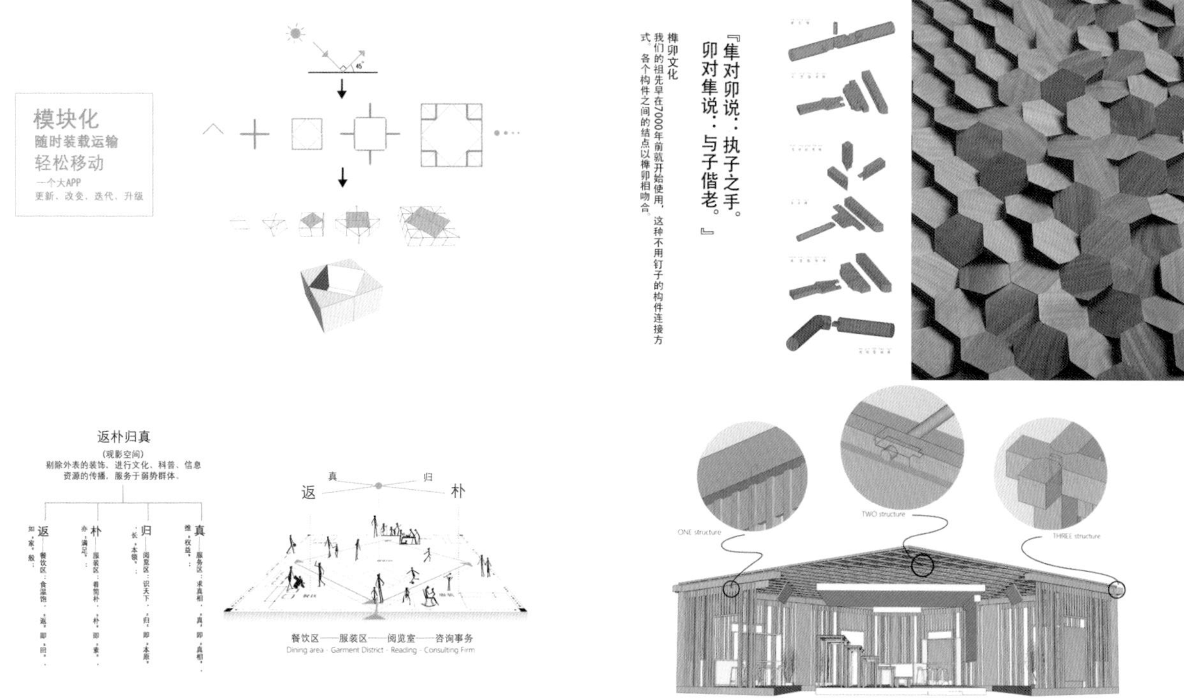

“实体模型”
Solid model
观影区内部展示
Internal display viewing area
帘幕
Curtain
综合体服务区
Complex service area
大成面粉厂
Great Flour Mill
弱势人群
Vulnerable
Complex

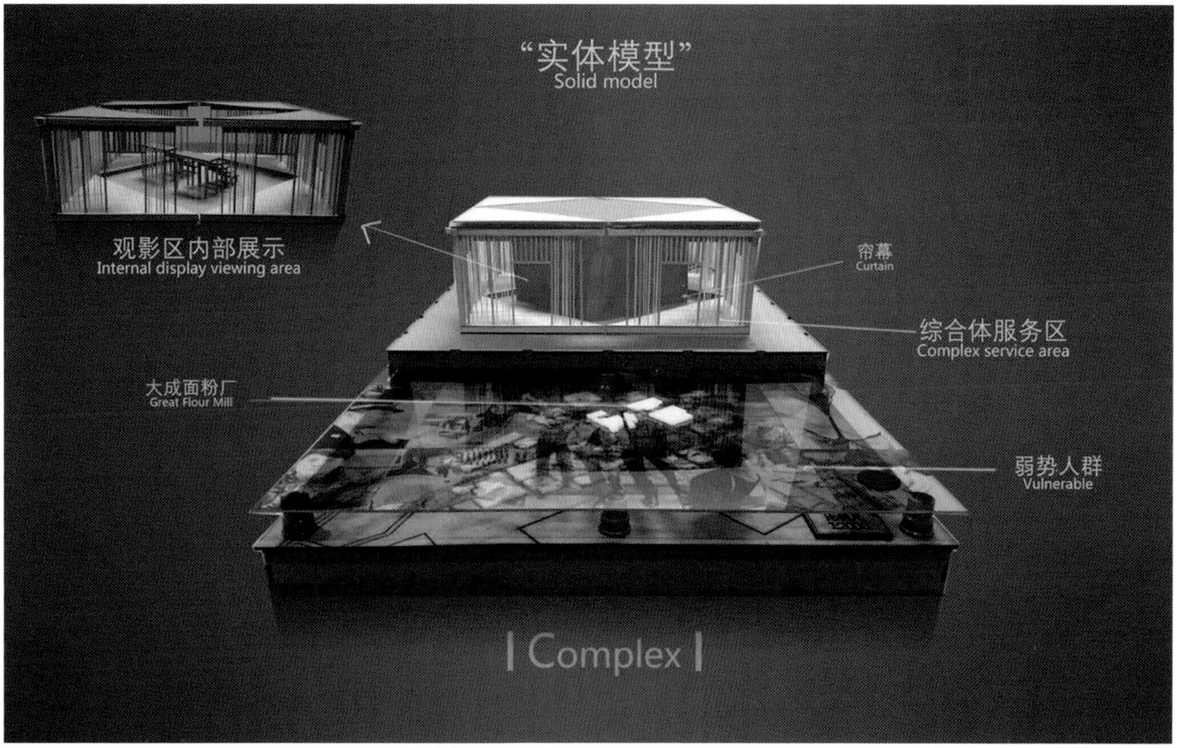

空中的『桥』立体景观整体设计

作　者　冯磊　刘强

指导老师　汤少哲

设计说明

该设计区域原本为白鸽集团的仓库和生产车间，现在已经荒废多年。充分融合都市景观与自然景观为本课题的重点。都市景观注重公共活动场所的设计、空间感的营造、细部的人性化设计以及信息技术的体现。可以为久居喧闹城市的市民提供一处放松身心的休憩场所。

中原工学院
艺术设计系

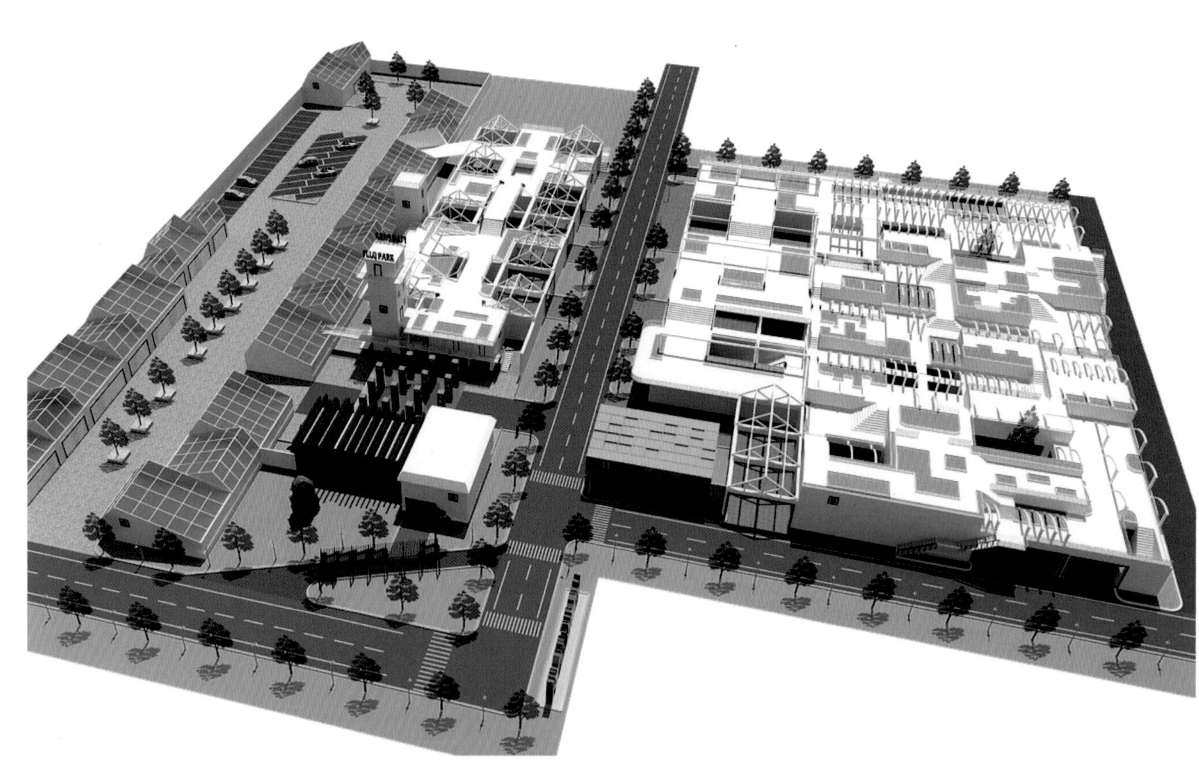

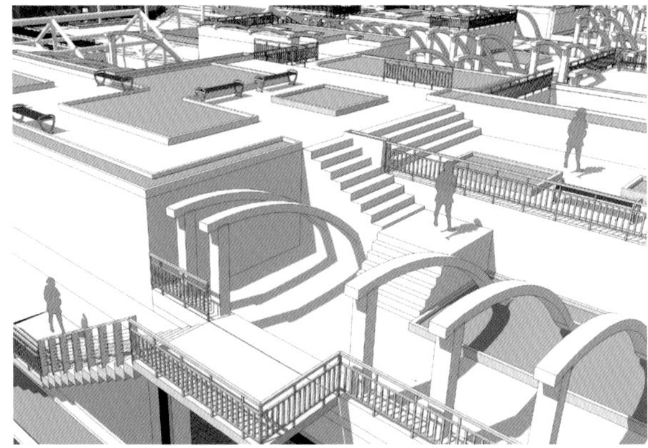

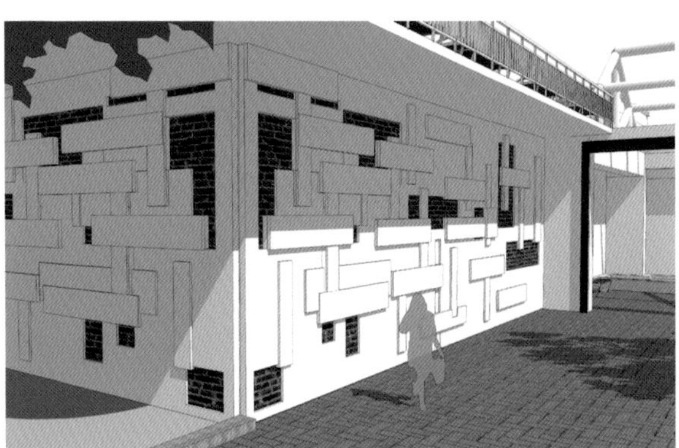

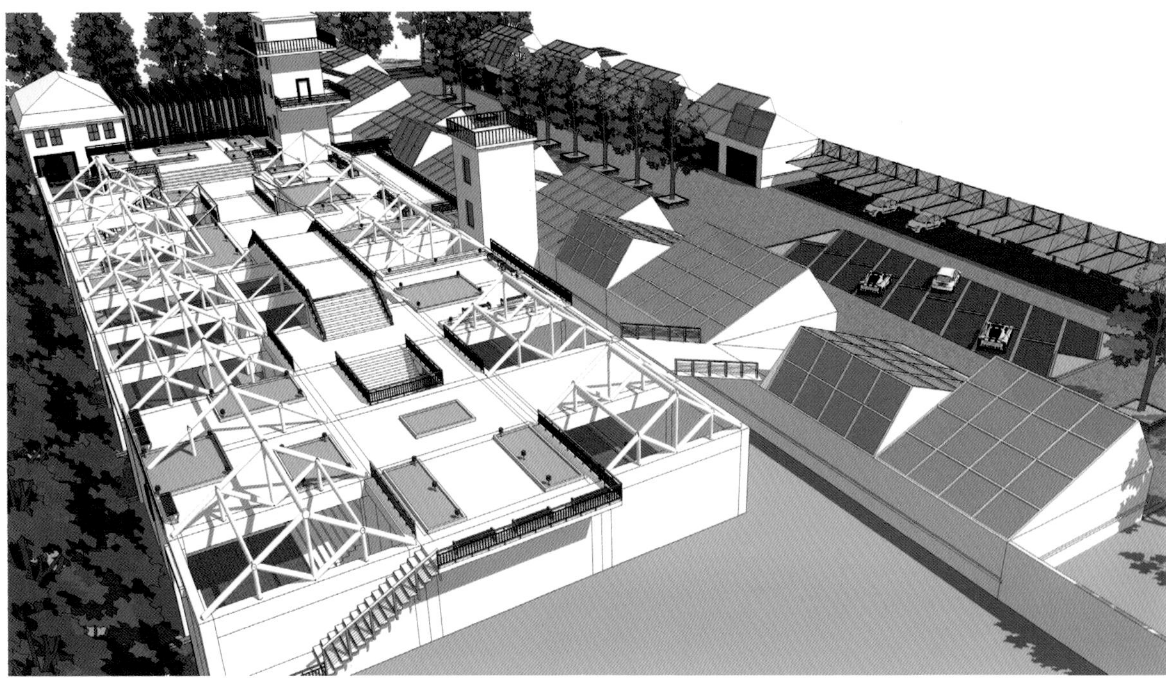

『重塑边界』商城墙遗址公园

作　者　夏芮彬　唐嘉伟　马莉

指导老师　汤少哲

设计说明

既是「遗址」，又是「公园」这是设计的根本。

将遗址保护与景观设计相结合，运用保护、创新等一系列手法，对历史的人文资源进行重新整合、再生，既充分挖掘了城市的历史文化内涵，体现城市文脉的延续性，又满足现代文化生活的需要，体现新时代的景观设计思路。随着城市的整体发展，加之生态理念的介入，使得对历史文化遗产的保护逐渐形成了一种新的趋势，从理念上创新将遗址保护与城市设计相结合，使历史景观焕发活力，更可以让古老的景观成为现代生活的重要组成部分，利用自然的和人文的景观资源，运用现代园林设计手法来进行遗址公园的规划设计。

中原工学院
艺术设计系

出云小筑

作　者　张雨

指导老师　逄建斌

设计说明

房屋的卧室与餐厅客厅整体风格为玉玛风情，整体风格呈现出素雅纯净，个性时尚卧房顶柜的无限延伸使衣柜占用空间更少。床体设计为排骨架，通透、软硬舒服承重力强。电视柜的设计更加简洁满足基本的使用功能，不至于让电视柜影响整体美观。合理的设计可以使你找到属于你的净土，这个港湾让你忘记工作、烦恼，只有生活。

济南大学泉城学院

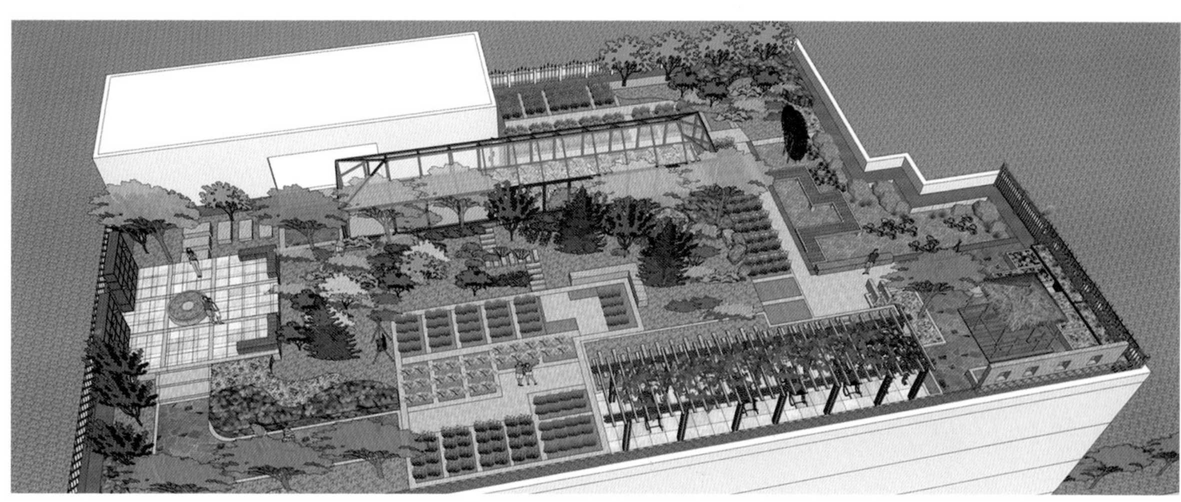

槐念——0.618 矩阵广场景观设计

作　者　赵吉哲

指导老师　张剑

设计说明

槐花香起，毕业将尽。槐，又似「怀」。借「怀」字表达对大学时光的眷恋，向母校致敬。本设计以「槐念」为主题，以黄金矩形为设计元素，通过叠加与切割，使广场的每一块区域都以黄金比例完美呈现，节点设施做到了形式与功能的统一，处处皆细节。旨在为每一位路过此处的学子，得以片刻的驻足。

山东大学（威海）艺术学院

0.618
0.618

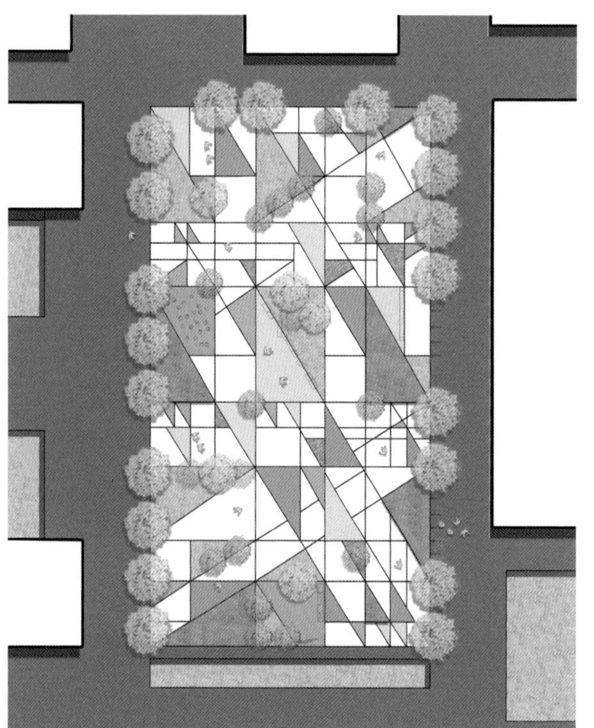

集·和

作　者　赵朔　陈小燕

指导老师　张剑

设计说明

通过调查分析威海当地的文化习俗，剪纸艺术、祭祀风俗、传统农家性质的日用品等都是威海当地的文化特色，也是传统集市形成的来源。采取传统集市与现代商业街形式，结合一定的旅游性质来实现集市步行空间的改造，以几何元素为设计元素，达到创意的目的，提升集市在城市生活中的品位，又不失文化特色，唤醒人们沉睡的记忆。

山东大学（威海）艺术学院

威海市政府广场改造设计

作　者　童蓓　余芳

指导老师　张剑

设计说明

广场以『融合五行，威震四海』为主题。整个广场融合了中国传统的五行，即『金木水火土』，以具有威海特色的海洋文化为主线，结合孝道文化、生态文化、爱国历史文化和民俗文化，将这五种文化完美融入到现代广场的设计当中，旨在发扬威海当地的特色文化。

山东大学（威海）艺术学院

威海

威海，位于山东半岛东端，北、东、南三面濒临黄海。威海别名威海卫，意为威震海疆。威海是中国近代第一支海军北洋海军的发源地、甲午海战的发生地，甲午战争后被列强侵占并回归祖国的“七子”之一。威海是“三海一门”之一。1984年，威海成为第一批中国沿海开放城市。1990年被评为中国第一个国家卫生城市。1996年被建设部命名为国家园林城市。2009年5月7日被评选为国家森林城市。

市政府广场

威海市人民广场以草坪为主、轴线位置为大台阶直通政府办公楼，广场北端为浮雕墙，南端入口处为硬地广场及标志性雕塑，其间缀以几株乔木和花坛小品，东侧草坪略大于西侧。广场地段中，城市干道文化路和新威路在其南端的丁型交叉，解决了此地段与外界的交通联系。

区位分析

设计说明

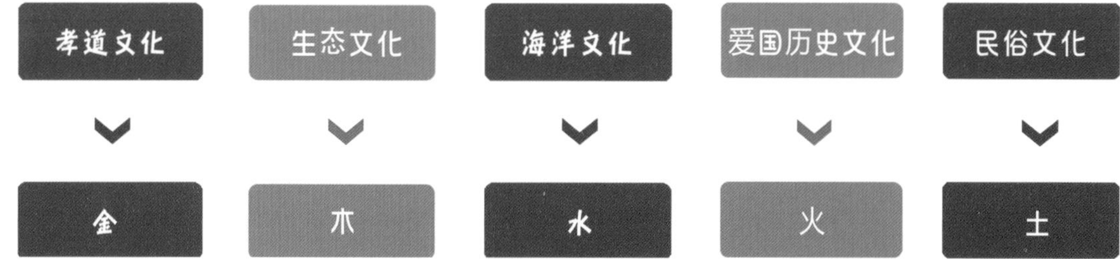

立面图

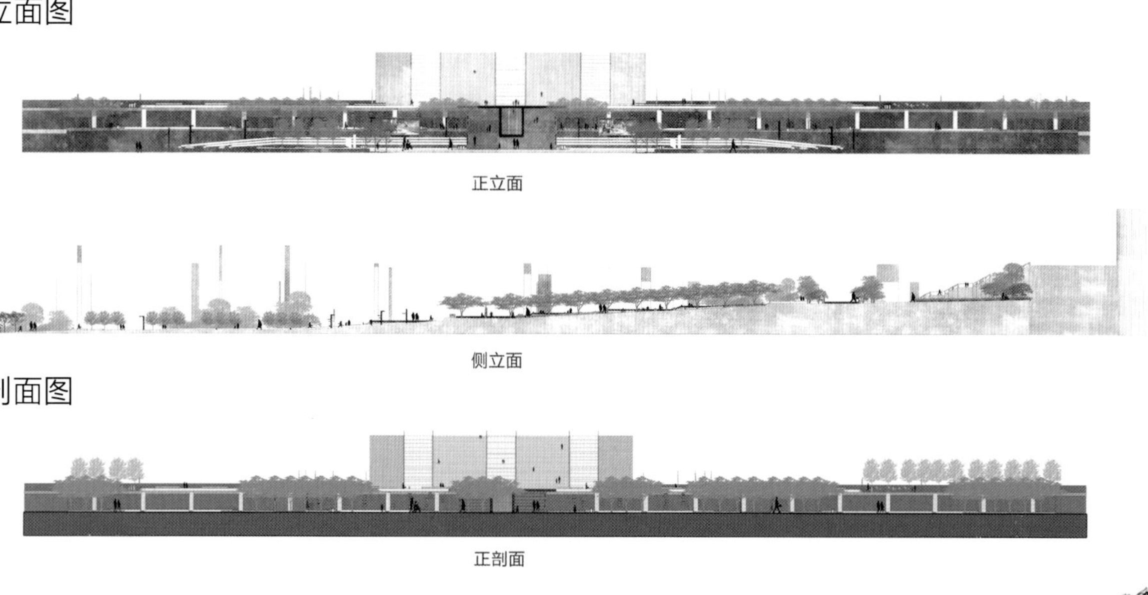

正立面

侧立面

剖面图

正剖面

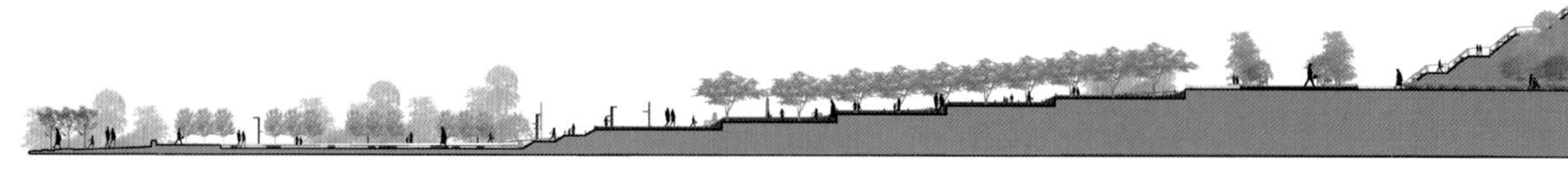

侧剖面

设计解析

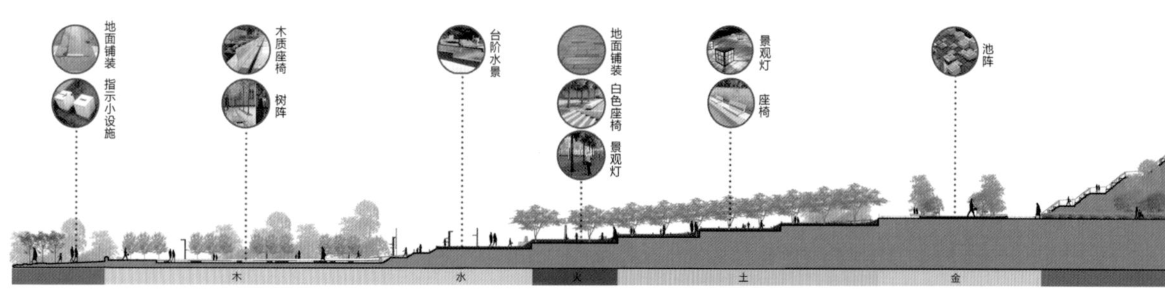

融合五行 威震四海
RONGHEWUXING WEIZHENSIHAI

平面图

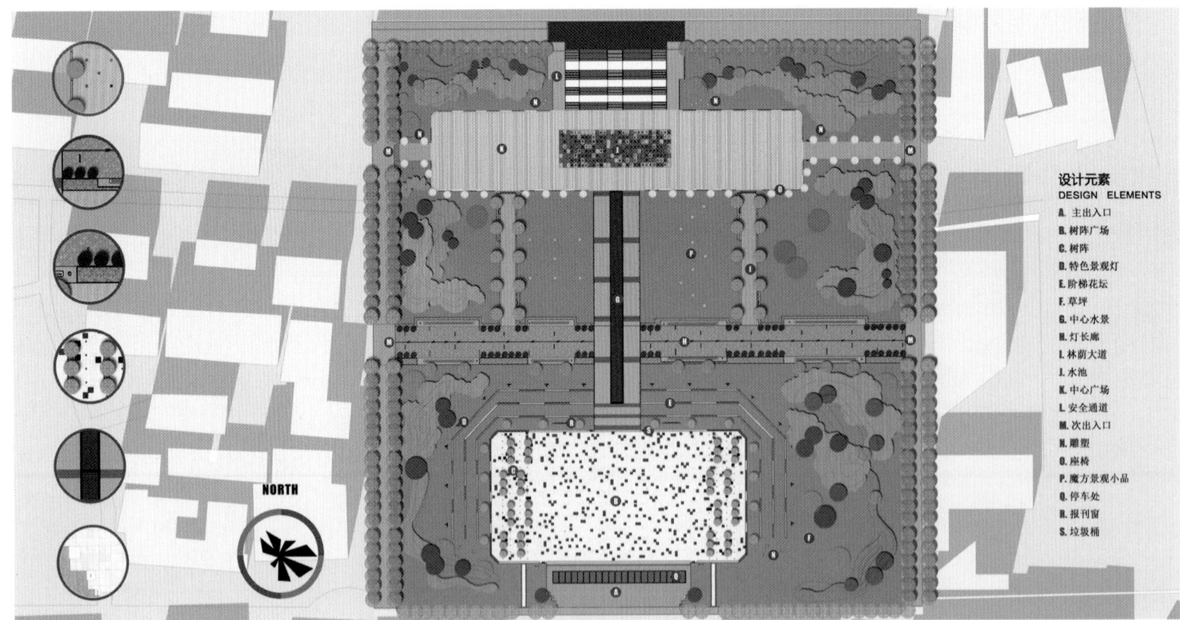
NORTH
设计元素
DESIGN ELEMENTS
A. 主出入口
B. 树阵广场
C. 树阵
D. 特色景观灯
E. 阶梯花坛
F. 草坪
G. 中心水景
H. 灯长廊
I. 林荫大道
J. 水池
K. 中心广场
L. 安全通道
M. 次出入口
N. 雕塑
O. 座椅
P. 魔方景观小品
Q. 停车处
R. 报刊窗
S. 垃圾桶

鸟瞰图

可配置植物

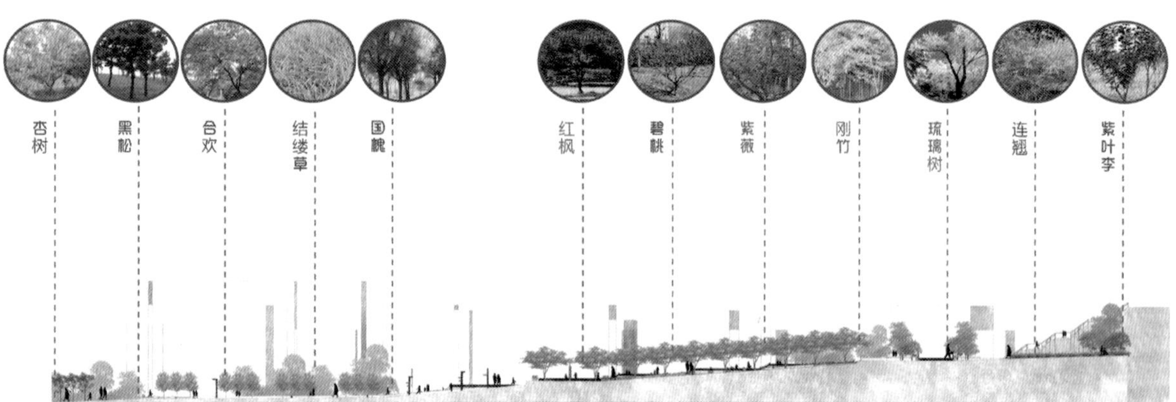

效果图

体验书店设计

作　者　沈丹妮

指导老师　鲍诗度

设计说明

书店是一个城市文化的体现，也是一个城市文脉与精神载体。如何更好地把「体验设计」与商业空间有机结合，让书店重新注入活力？这是此次研究的重点。

书店始终是商业设计的范畴，需要适应社会发展的需要，本次课题通过分析、归纳、总结把人机工程学、美学及环境等因素与商业空间有机结合，来表达人机空间和谐的重要意义，另外对顾客体验设计的研究，使设计师更能以人的角度为出发点，为大众设计，得到用户的认同和自身深层次的感悟。

东华大学
服装与艺术设计学院

书海拾贝
Read more cockle

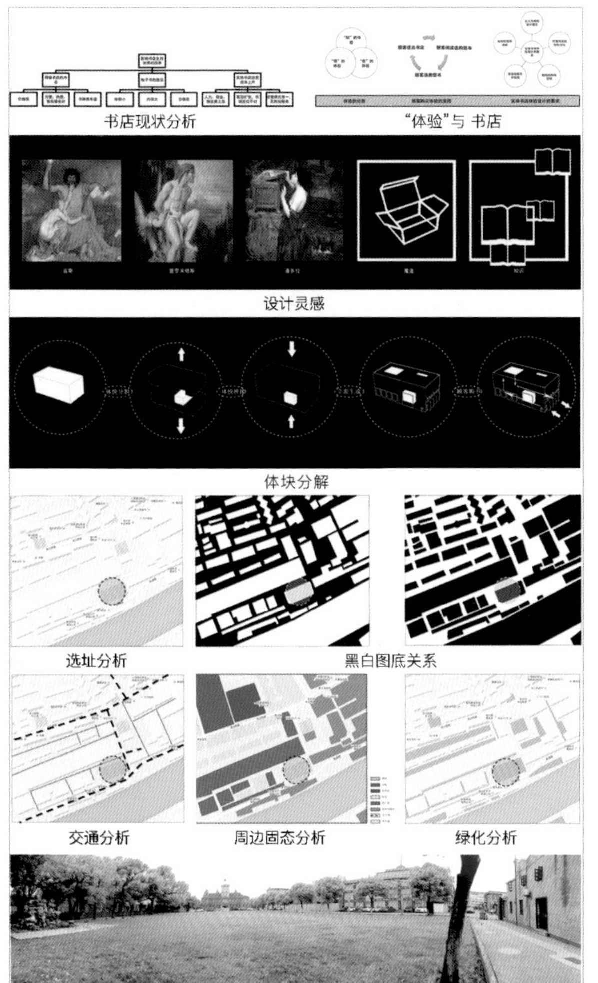
书店现状分析
"体验"与 书店
设计灵感
体块分解
选址分析
黑白图底关系
交通分析
周边固态分析
绿化分析

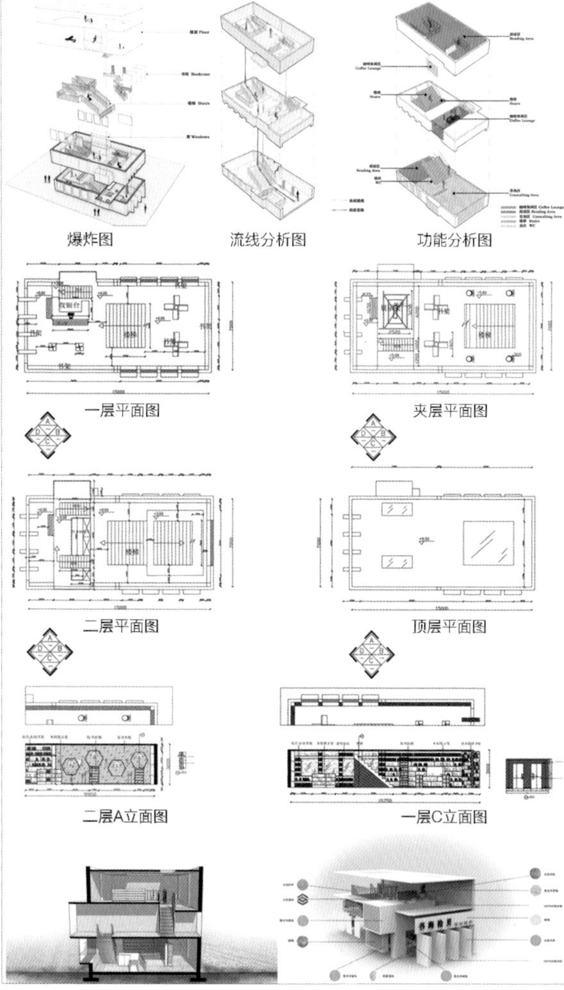
爆炸图
流线分析图
功能分析图
一层平面图
夹层平面图
二层平面图
顶层平面图
二层A立面图
一层C立面图

橄榄枝教堂设计

作　者　刘竞驰

指导老师　鲍诗度

设计说明

设计项目位于上海市松江区佘山脚下国家佘山森林公园南侧。毕业设计的项目内容为基督教新教礼堂及相关的景观及配套设施，旨在通过当代先锋主义的思潮，对宗教的精神教义以及宗教人文深入探讨。新教礼拜堂设计灵感来源于象征和平、安居的橄榄枝，代表了奇迹的象征。通过橄榄枝冠变形的切割方式划分内外部空间布局。开放式的礼拜区域，以森林绿地为背景，天空为藻井，礼拜活动还原为创造自然的纯洁古朴。以现代手法让宗教回归自然，返璞归真。

东华大学
服装与艺术设计学院

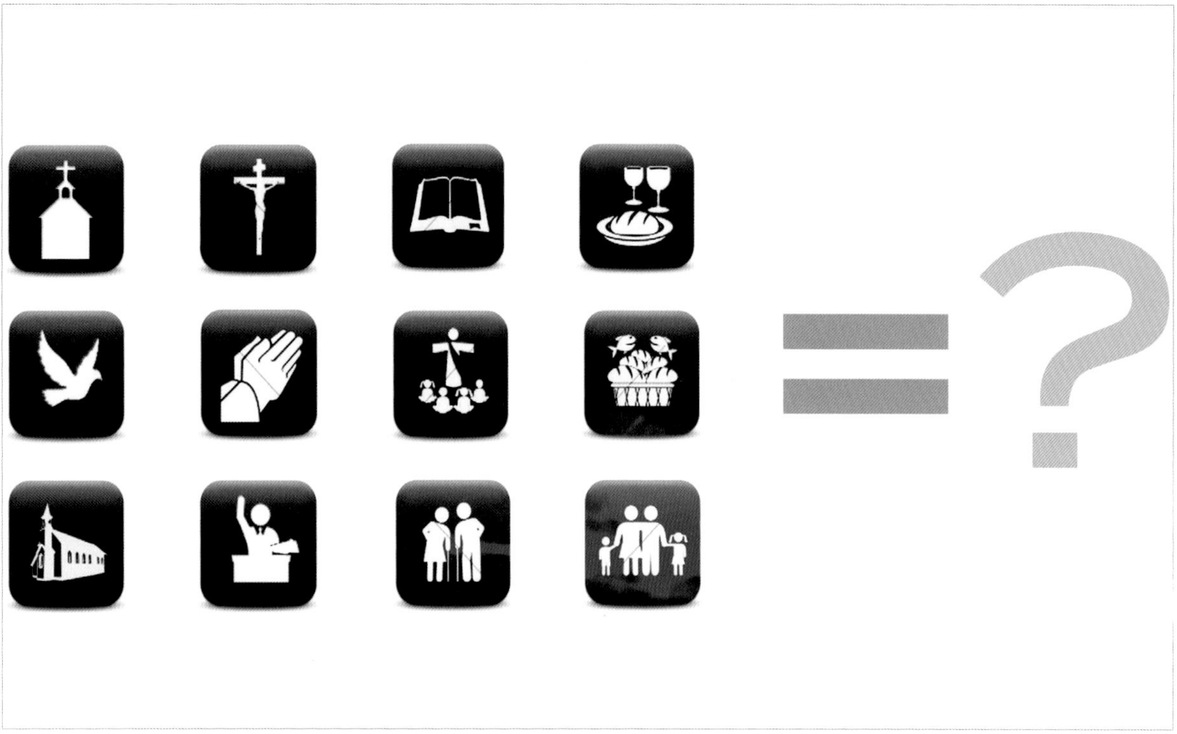

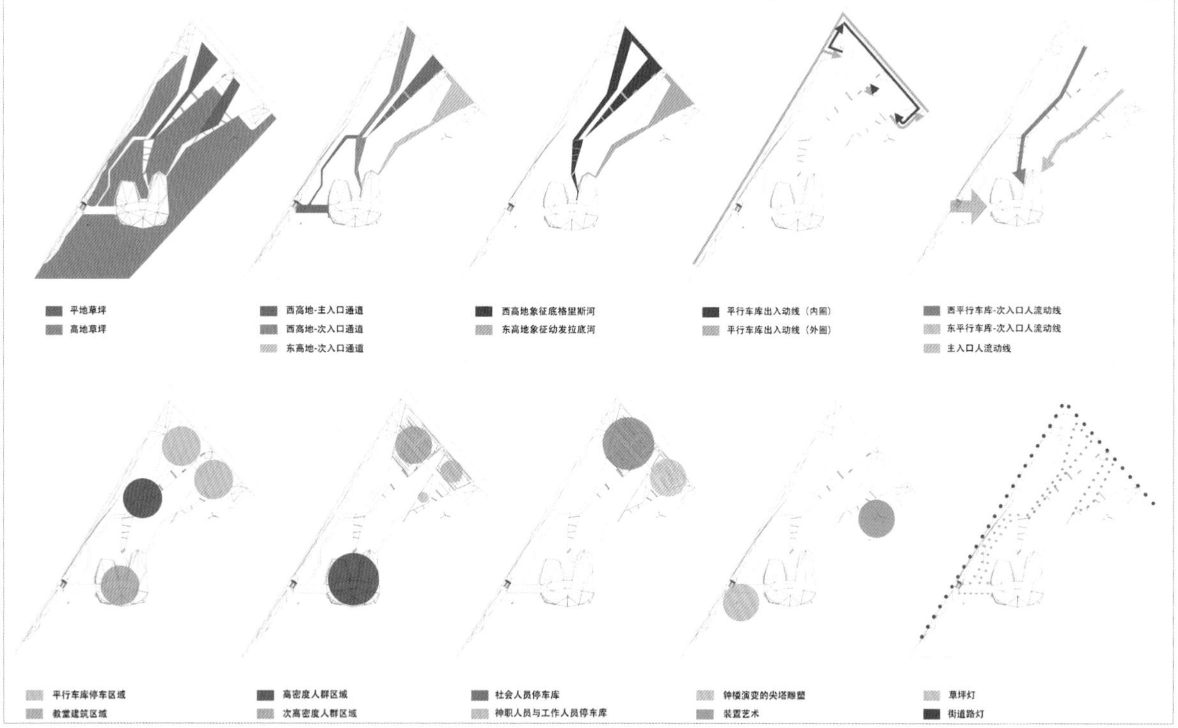

=?

平地草坪
高地草坪
西高地-主入口通道
西高地-次入口通道
东高地-次入口通道
西高地象征底格里斯河
东高地象征幼发拉底河
平行车库出入动线（内圈）
平行车库出入动线（外圈）
西平行车库-次入口人流动线
东平行车库-次入口人流动线
主入口人流动线
平行车库停车区域
教堂建筑区域
高密度人群区域
次高密度人群区域
社会人员停车库
神职人员与工作人员停车库
钟楼演变的尖塔雕塑
装置艺术
草坪灯
街道路灯

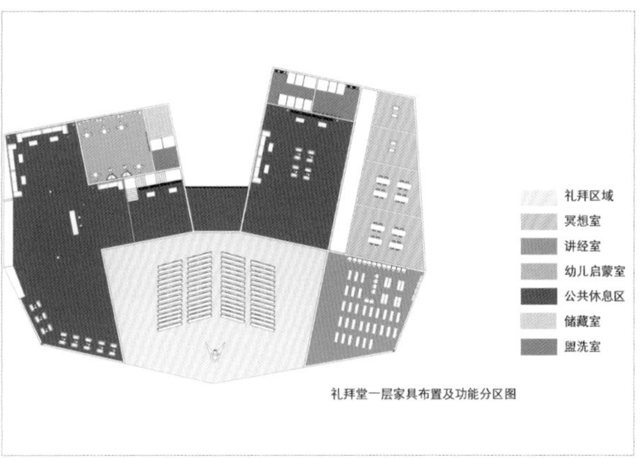

礼拜堂一层家具布置及功能分区图

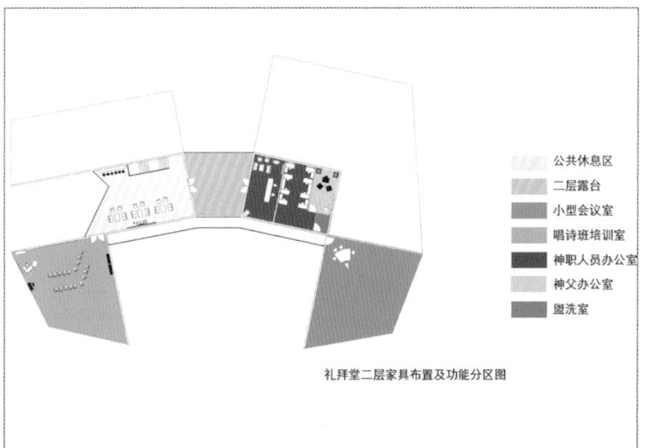

礼拜堂二层家具布置及功能分区图

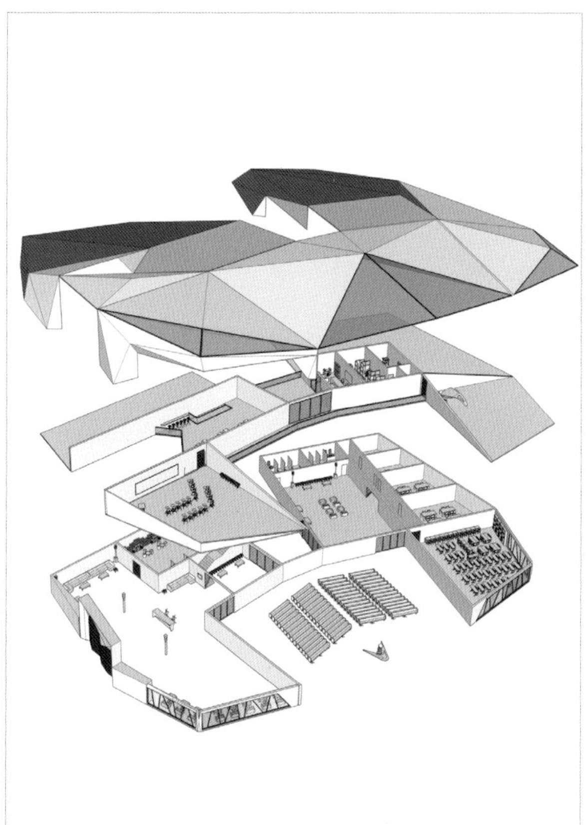

一二八纪念东路景观设计方案

作　者　吴士强

指导老师　鲍诗度

东华大学
服装与艺术设计学院

设计说明

项目位于上海宝山区江杨南路一二八纪念路延伸段，分隔道路于一二八纪念路小学和幼儿园。公共绿地及人行道合并设计为生态景观步道，兼具城市休闲绿地及运动健步、跑步，学校集散为一体的多功能城市街道。在设计风格上我们采用了现代景观风格与海绵城市理念相结合的手法，满足该区域时尚，校园，文化活力的定位。项目设计建立在反思工业化城市建设的传统市政基建模式上融合国家重点提倡的生态海绵城市理念，为上海这座水敏感型城市的市政景观与基础设施建设如何适应洪涝提出了新的策略。

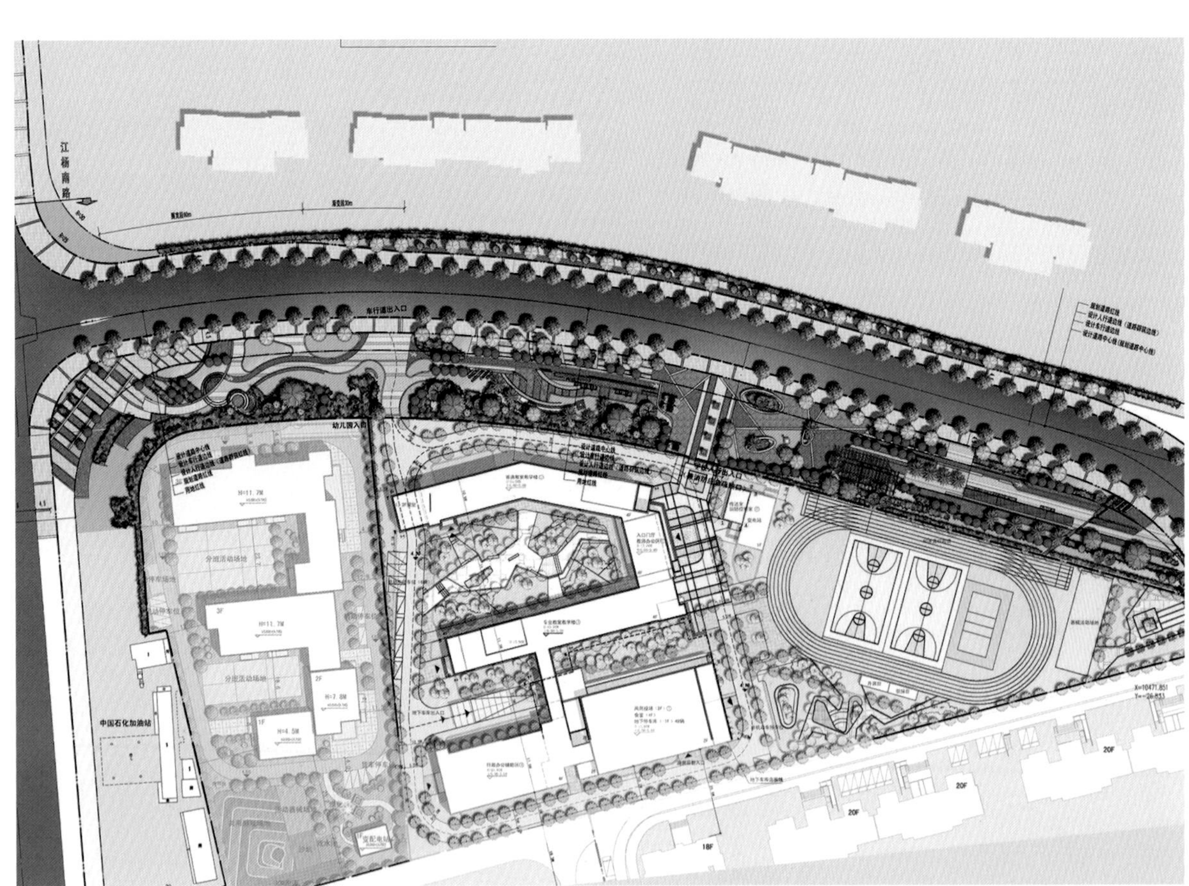

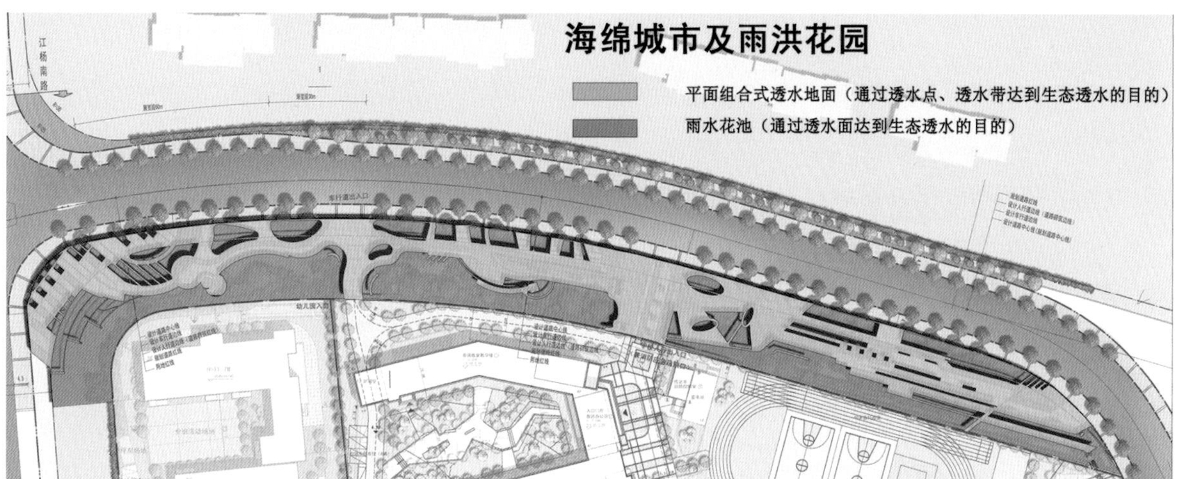
海绵城市及雨洪花园
平面组合式透水地面（通过透水点、透水带达到生态透水的目的）
雨水花池（通过透水面达到生态透水的目的）
江杨南路

简约梦想

作　者　秦杰
指导老师　颜静

设计说明

绿色生态节能理念的体现。

在充分尊重自然生态环境的基础上展开设计，是社会可持续发展的迫切需要。建立多层次的生态绿化系统既可以调节小区小气候，提高环境质量，又为营造优美的校园环境创造条件。校园的绿色生态节能的设计本身包含了两个不同层面的意义：建筑本身在有效使用期内可持续的节能低碳技术应用——绿色建筑；更为有意义的是学校教育理念中可持续发展的教育手段——绿色生活。对于绿色生态节能理念的设计应用可视化的手段；本方案中选择的技术和概念是以适合国内及地域技术经济发展现状的成熟做法为前提，否则有时会事与愿违。规划与建筑中，首先强调对地域气候条件和自然生态特征的适应与利用是最根本的绿色与环保的体现。校园中景观、绿化在被观赏的同时与学生的学习、生活环境紧密结合，让人能够感受到校园环境的自然、宁静、和平。建筑的外观风格应该是简洁现代极富个性的，但是同时又是内部功能真实的表达，更多强调建筑的活泼和趣味性，带给孩子们充分的想象空间。

中国石油大学胜利学院
教育与艺术学院

第十三届全国高等美术院校建筑与设计专业教学年会主题发言摘要

2016 年 11 月 5 日，“十三届全国高等院校建筑与设计专业教学年会”在山东工艺美术学院长清校区数字演播厅开幕，本届年会的主题为“为绿色而设计”，全国美术院校建筑与设计专业教学年会已成功举办了十二届，学术影响深远，本次年会有近 40 所国内外美术院校的 300 余位建筑与设计行业专家以及高校师生等参会。

吕品晶（中国美术家协会建筑艺术委员会主任、中央美术学院建筑学院院长）

演讲题目：乡村改造与可持续性发展

吕品晶 教授

吕品晶教授的演讲对近年来他所在的学术团队所做的绿色乡村改造与研究项目进行了介绍。美丽乡村建设是当下国内城镇化进程中建筑设计领域研究的重要内容，吕品晶教授所率领的团队在这方面做了很多深入研究，演讲开始他便谈到：“乡村是这样一种地方，它有很多品质让你深处其中，能够获得一种安慰，这也是乡村的魅力。”接下来的演讲，吕品晶教授通过三个项目案例介绍了如何通过绿色设计介入乡村的改造。

第一个案例是贵州布依族传统村落小型客栈改造项目，设计中将当地代表性的植物兜兰作为创作主题，启发了人们对传统民居与自然环境如何和谐共生的思考，整个设计充分尊重了乡土材料的运用以及当地传统民居的构建方式，使用了充满乡土气息的设计语言诠释了客栈形象，建筑设计既满足了现代使用需求，同时也使布依族民居的传统营造做法和村落特色风貌得到了很好的保护与传承。

第二个案例是黔西传统村落改造项目，这个村落的自然环境比较优越，有着天然的供水与排水系统，而且这个村落的村民大都是古代中原移民的后裔，所以村内的民居很多采用了中原地区传统的三合院，村民的很多习俗也都保留了传统中原地区的民俗习惯。这个设计重点处理了村民集体活动所使用的公共空间，村落的中心有一个池塘，村落公共空间的设计便围绕池塘展开，在池塘周边重新组织活动场地，并在场地中保留了标志性的村树，营造一个能为村民的民俗集体活动所使用的场地。通过村内这样的公共空间的营造，为村民提供了更多的集体活动与交流的环境，不但使得村落景观面貌发生了改变，更进一步促进了整体村落的和谐发展。

第三个案例吕品晶教授介绍了意识形态与非意识形态相结合的传统村落改造

设计方法。这是一个贵州正在实施的村落改造项目，村内的民居以吊脚楼为主，一楼饲养牲畜、二楼用于居住、顶层的阁楼用于粮食储存，而且村内传统建筑都是就地取材进行建造，有石用石，有木用木，无石无木则用夯土，因地制宜，非常符合绿色建筑的设计理念。在对村落的调研中，设计团队发现这个村子的很多新建建筑都抛弃了传统的建筑形式，采用了很多与环境并不协调的建筑做法，不但从技术层面上缺乏考虑，同时在布局、收纳等方面更缺少安排，破坏了村子的文化风貌，村落优秀的民居资源与传统文化没有得到应有的保护与传承。对于这样的传统村落，不但要从形态上进行保护，还要通过对形的塑造，去激活它神的部分，而神的部分就是其活化的传统文化，这种文化包括了村落的传统习俗以及日常生活的方方面面，只有强调“形神兼备”的传承，才能营建一个具有活力的村落。

森傑 教授

森傑（北海道大学工学研究建筑都市空间设计部门教授）

演讲题目：东日本大地震震后重建与居住环境的可持续设计

本讲座叙述了在东日本遭受海啸和大地震的自然灾害之后，森傑教授参与的小泉地区灾后重建项目。由于遭受到海啸灾害的地域地势非常低，原本小泉地区的两百多户民居已经被海啸全部摧毁，所以本项目需要将低处的民居转移到高处。森傑教授在这个项目上关注了作为一个建筑师如何与当地的居民共同重建其所生活的环境，小泉地区在海啸来临之前，村庄的居民关系非常融洽，在重建之后如何确保这种融洽的关系得以延续是他思考的重要问题。

新建村落的规划采用了组团的组织方式，整体规划沿着等高线布局，然后依势而建，而组团采用的是“三圈两户”的做法，这种布局可以确保村民在搬到新居之后还可以组团居住，从而保证他们邻里之间的关系得以延续，不被破坏。森傑教授是作为社区建筑师参与小泉地区的项目的，社区建筑师的工作是具有时间延续性的，也就是在建筑建成后需确保建筑可以得到充分的利用，所以他与当地居民进行了大量的研讨，让居民充分参与了设计过程，并且森傑教授也让他的学生参与到这种活动当中，从而确保这种设计理念能够传承下去。这个项目从设计到实施，用时三年左右的时间，最终于 2016 年 1 月建成，设计师同小泉村民一同重建了家园，得到了当地居民以及社会各界的普遍好评。

森傑教授在设计研究中非常重视时间给环境带来的影响和变化。在演讲中他提到了"环境移行"的设计概念。日本是多地震国家，地震会破坏很多地区的环境，在遭到重大环境变化之后，很多环境中生活的人在短时间内难以接受这种变化，而"环境移行"设计就是来应对这种情况的，通过在环境变化转移过程中适当保护、保留具有共同认同价值的环境因素，从而维持环境与环境中人的情感联系，是森傑教授设计实践以及研究思考的重点问题。

程启明（中央美术学院建筑学院副院长）

演讲题目：合二为一

程启明 教授

程启明教授在演讲中谈到，合二为一是针对于一分为二的，或者说合二为一的前提是一分为二。许多艺术家都认为艺术是形而上的，在某种程度上也认为艺术可能是形而上的，原因是在于人的需求里面，艺术解决不了人们的安全和生存问题，安全和生存是和形而下联系比较多的，情感、尊重和审美基本上是属于形而上的。建筑艺术也是形而上的，但建筑是形而下的。这样回答就有了 Architecture 和 Building 之不同的讨论。艺术源于生活，而高于生活，艺术均为"形而上"和"形而下"的结合，只是建筑艺术的"形而下"比较重。

建筑艺术家与其他艺术家（绘画、雕塑、文学、电影、音乐、戏剧等）有很大不同。其他艺术家，直奔"形而上"，上去就下不来了，而建筑艺术家，既要"形而上"，又要"形而下"，上去了，还要下来。将"形而上"和"形而下 "合二为一，可能是建筑艺术家优于其他艺术家之所在。

对应于建筑艺术合二为一的基本方法，首先要分，将"形而上"和"形而下"分别做。原因是，其他艺术的"形而下"比较轻，而建筑艺术的"形而下"比较重。建筑艺术的"形而下"是历经长期生活而形成的逻辑，属文化范畴，通过针对性的解析研究可以得到。所谓的解析研究，就是将研究对象进行"大卸八块"的没有死角的研究，实际上要做到这一步比较难。难点在于建筑的空间构成不仅有看的见的部分，而且还有看不清和看不见的部分，即由看得见、看不清、看不见三部分所组成，逻辑存在于这三个部分的关系之中。建筑艺术的"形而上"是一种情感表现，是关于基地及建筑自身属性文化的一种情感表达，最终以空间的形式表现出来。由于这种空间形态是作者本人基于个人的生活感受（感性认识）所形成的，所以具有"唯一性"。"唯一性"是确保创作成立的一个重要的必要条件，没有感性认识就不可能有真实的艺术的产生。所谓的有也是伪艺术。

由于有了明确的“形而上”的探索过程，其结果的“唯一性”的形态生成，使得建筑艺术创作具有了可能。一则，为独特的建筑艺术形态的形成提供了可能，建筑艺术创作的难点之一就是是否具有形而上形态的支持；二则，可以有效地避免陷入大师的陷阱。建筑艺术也来源于生活，而并非来自于所谓的建筑艺术。

合二为一的关键在于一分为二。对于复杂的工作，如果不将之分解，可能就很难做好，这是众人皆知的道理。只有将两者的重要性均等起来才有可能设计出好的作品。合二为一是建筑师应该具备的能力，既要形而上，又要形而下，既要精神，又要功能。建筑师就得既要上得了厅堂，又要下得了厨房。

在关于“形而上”的探讨方面，美术院校的学生较工科院校的学生而言具有一定的优势。美术院校是一个滋生“形而上”的地方。原因是这里充满着感性，换言之，感性是“形而上”产生的基础。程启明教授指出，艺术教育是一个复杂的过程，既要面对“作茧自缚”，又要重视“破茧成蝶”。前者对应专业，后者对应创作，前者抑制感性，后者需要感性。如何将感性表达（形而上）与经验（形而下）合二为一值得大家深入研究。

包清博之 教授

包清博之（日本九州大学艺术工学院教授）

演讲题目：日本环境教育现状分析与发展趋势

包清博之教授的演讲主要介绍了日本高校环境教育的现状以及未来发展的趋势。日本高校的环境学科从一年级到四年级有较为完整的课程体系，一年级主要是学习一些基础课程，二年级开始学习空间设计和建筑设计，三年级学习城市规划，包括景观设计的研究，四年级是一些项目的实际研究，通过综合项目的研习，对毕业论文和毕业设计进行考察。本科学生通过实地的探查体验与当地居民交流，完善自己的设计作品，而研究生课题，主要是环境、遗产设计、讲座为主，建立自己独立研究的能力，遗产理论讲座与环境讲座，主要是培养学生的发掘价值和评价的能力。

包清博之教授曾经带领学生在山东进行了大量研究。在青岛市的调查研究，包清博之教授带领学生走街串巷进行实地研究，使学生产生身体记忆，从而对环境空间保护得到了切实体验与体会。在济南的调查研究，则是针对遗迹景观保护的，学生一方面调研了泉城济南的传统聚落与自然环境，另一方面也考察了新建建筑及其周边环境，在对比体验中去更好地理解济南的规划问题。在此基础上，包清博之教授提出，景观应该分为两部分，一个是自然景观，一个是设计环境，环境设计应该强调人与自然的和谐共长，环境设计教育需要加强学生对这个概念的体验与理解。

沈康（广州美术学院建筑与环境艺术设计学院院长）

演讲题目：共生共建——乡土营建石寨行动

沈康 教授

沈康教授的演讲围绕“共生共建”的主题展开。他讲到，从设计价值观的角度来说，乡村是开展教学实践的一个重要场所，对于艺术院校的同学而言，有一个特别需要重视的问题，那就是虽然人们在城市中工作和生活，但是人们也需要了解现在的乡村是一个什么样的面貌，因为乡村对整个国家和社会都是非常重要的。沈康教授阐释了以“共生共建”为理念的乡村建设思路，那就是：“从微观入手，从文化入手，从可行入手”。他说，无论是在建造方式上还是在材料运用上，乡村建设都需要一些符合自身建设的方式。例如一个旅游度假村的项目，一开始考虑使用城市排水的规划，之后发现投资非常大，而且乡村本身就是一个具有自我调节能力的生态系统，用其自己的方式和化整为零的模式是更科学和符合实际的。另一方面就是注意各方利益平衡，共同传递与提升，以广州梅岭做的一个改造案例来说，称之为石寨行动，保留了一些土楼，在方案中做了公共空间，区域的整理。做了一个共生的平台，平台里面有羊、牛、猪以及人在此的交汇，道路的联通，周边的关系也因此衔接和清晰。还有一个方案是“瞭望原路”，是一个杂草丛生的地方，利用当地的农作物作为一种构筑，完全是使用当地的一种材料，保留了山上的一棵树作为村民的聚集地，考虑了当地的风水民俗。沈康教授认为调研是非常重要的，如何将当地的环境进行串联起来，生活进行联系起来是非常重要的。他谈到，在英德石斧唐镇村做的一个公益方案，设计团队选址一些荒地建房，在这个项目中采用了三位一体的合作方式，在这个项目中的亲身实践，对师生来说都是有意思的尝试，最后他强调所有的乡村改造最先都是从实地考察开始的，乡村改造是一个很漫长很艰苦的过程，越是艰苦越是挑战，对设计教育来讲是一个长期要做的事情，需要持之以恒。

马克辛 教授

马克辛（鲁迅美术学院环境艺术设计系主任）

演讲题目："双创"基础教学创新

马克辛教授在演讲中指出，传统的教学方法使现在的一些学生多依赖于书本、手机、计算机、网络等常规信息渠道进行学习，而完全依赖于这种渠道学习就会缺乏动手能力、发现问题的能力和解决问题的能力，所以学生更需要的是自我的理解、自我意识的提高、自我感情的调动以及看到大自然、看到社会现象时的自我品评标准，只有这样才有创造力。如果没有自我的话，就会变成变相的抄袭和堆砌，或者是编造，而不是创作。

马克辛教授本次演讲以所住酒店餐厅的壁画设计为例，探讨了功能空间对人的感受的影响，进而提出学生的学习来源分为社会给予和教学给予，同时列举了社会给予和教学给予过程中的一些问题，最后通过"'心境空间构筑和谐'空间艺术构造大赛"活动和教学过程中由学生出题老师现场进行创作两个案例解读了"'双创'基础教学创新"的演讲主题。

彭军 教授

彭军（天津美术学院设计艺术学院环境艺术设计系主任）

演讲题目："美"之为何"丽"之安在？——建筑与人居环境"美丽乡村"教学课题研究

彭军教授的演讲围绕"美丽乡村"展开。"美丽乡村"是国家现在的一个战略，也是设计界目前重要的一项工作，彭军教授结合自己和学生做的一些项目和体会谈了对"美丽乡村"的一些思索。美丽乡村的这个建设特别重要的不是对一些乡村进行改造，而是对乡村的系列、整体的一个推动，很多设计工作的过程中，很少有机会和事物的主体和对象，也就是村民进行深入的交流，和落实没有特别紧密的联系，和将来美丽乡村的建设有一些偏差。探求美丽这两个字，所谓的美，基本上好的东西可以称为美，丽大致指的履行，似乎是在履行当中去观察美丽美好的东西。美丽和字面上的美丽大致有一些变化，在美丽乡村的这个建设当中，美丽乡村不可能是一种美好的履行，它绝对不会因为城市人对乡村的一种猎奇或者是一种欣赏，把美丽乡村变成城市观光的后花园，这是特别小的一面，与美丽乡村关联的是中国农村的一种名声，特别是传统文化的犹存，人均本质品质的提高，还有农民的一种归属感，这也是美丽乡村建设的核心所在。彭军教授在演讲中介绍了近期他所做的项目案例，其中一个案例是湖南的一个传统村落考察，这个村子像中国许多的村子一样，都有自己身后的文化的体系，古村落的体系，这个村子有六百多年的历史，可是这个村子的现状，让人看起来特别的不安。在这个村子里由于这个乡村的建设看起来还是没有一个统一的规划性的指导，像村民的老房子拆了以后又建了一种现在这样方方正正的住宅，这个住宅的美感完全谈不上，有的临街的一面贴了瓷砖，剩下三面裸露着墙体，把古老的乡村搞得支离破碎。另一个案例是吉林的一个市级保护单位，是当地少数保存完整的一个院落，但是院落里原始的建筑几乎要拆净了，现在这样的情况在中国的乡村十分的普遍，通过统计研究可以发现，有上百万这样的村子消失了，这样的事应该是国家在发展建设中特别要引起注意的。

中国南北经济发展是有差别的，南方经济发展相对比较快，经济实力也比较雄厚，所以农村建设整体情况要好一些，但是也免不了其中商业运作所带来的尴尬。例如湘南的一个古村落，基本保持了原有古村落的风貌，但在远处的美丽的山上有个巨大的项目，散落着若干组别墅区，而这别墅区风格多为欧洲风格、古典风格，和村落传统景观风貌极不协调，这也是一种对自然风貌的破坏，商业利益与文化利益的冲突有时让人感觉非常尴尬。中国北方的村落出现了另外一种情况，东北是老工业基地，为国家的建设付出了很多，但很多地方现在的经济发展水平较低，很多农村显得特别破败，这种现状也十分令人担忧。至于怎么通过“美丽农村”的建设来提高农村的实力，不是用现在城市设计师理想的一些模式，应该用经济实力改善其生活环境和基础设施，重要的是增强村民的归属感和自豪感。彭军教授在演讲中强调“美丽乡村”的建设主体应是村民而非政府或其他主导部门，农民的家应该由农民参与进去，但从现有的研究看在这个过程中这个环节缺失严重，他说“美丽乡村”一方面需要提高乡村的现代化水平与景观美化水平，另一方面更为重要的是要村民成为建设的主体，保留乡村记忆，尊重乡土文化。

关于自然环境的保护，彭军教授指出需要从三点考虑，第一点首先是文化的保护，文化保护是未来乡村建设十分重要的部分，中国的文明有浓厚的色彩，能代表人类文明相对高的一个属性，怎么能让其和谐延续，让每一个族群、每一个区域都能保护其文化特有的一种特质，是未来乡村建设、乡村设计与乡村管理中特别需要留意与注重的。乡村建设发展同样会有同城市建设发展相似的问题，怎么把握好改造的一些尺度，怎么保护原有的自然环境不受破坏，如何做到经济价值与美丽乡村可持续发展相统一，是值得思考的重要问题。中国是一个农业国，中国的文化人很多来自乡村，乡村是中国文化根深蒂固的源泉，现在农村与城市的差别一直是想缩小，可是一直发展不太平衡，是在扩大的一种状态，乡村的文化教育是一个特别重要的问题，如果农村留不住从农村走了的文化人，未来的乡村发展谁来去做，谁去完成，只有重视了文化教育才有可能谈到所谓的美丽，否则所谓的美丽就没有一个根基，另外中国地大物博，千差万别，上百万的乡村，气质也都不一样，有的安详，有的原始粗犷，有的文人气息特别的浓厚，总之各有特点，各有各的文化气质，所以充分了解这些文化特点才有可能去发展。第二点是乡村生态的保护，他强调乡村生态环境是国土资源重要的储备组成部分，城市的发展需要同农村的建设形成某种平衡，这样才成保证整体生态系统的完整性与协调性。第三点是意象保护，关于意象保护彭军教授列举了他的学术团队赴贵州乡村考察的案例，在这个案例中他谈到，香蒲苗寨是世界上苗族聚集的最大的聚集地，当看到村子的时候，人们都会被这里传统民居的气势所震撼。在这里深入地观察，更有一种深刻的体会，其中最重要的体会就是这个地方是一个保护非常好的典型，那就是原住民依然是这一片的主人，而游客仅仅是过客而已，这里的建筑大都是传统的吊脚楼，也有许多新的建筑，但是与原有建筑的材料、构造、形制一脉相承，没有形成一种断带，这点是特别难能可贵的，而且村民的生活传统与系统基本上相对完好地保留了下来，使人们能够更好地体验到这里原汁原味的村落文化，获得真实的村落意象。

张月 教授

张月（清华大学美术学院环境设计系系主任）

演讲题目：设计的社会价值、人造物与人的关系

张月教授的演讲中谈到，有关“人”的因素的学科研究开始于 20 世纪 30 年代。“技术应该为人服务，技术的发展应该是以适应人的需求为目的”是设计这一学科产生和发展的重要思想。欧美主要的发达国家因工业化进程早，所以这方面的学科发展均比较早。中国由于社会发展的客观原因，发展较晚，同时由于社会观念的问题，往往把许多由此原因引起的问题归结为人员素质和管理问题。忽视了对该领域的研究，尤其是在艺术设计的应用领域处于起步阶段。在应用体

系上也缺少成体系的应用机制，这些已经产生了明显的社会影响，如各种因原因引发的事故、科技发展水平、产品设计制造水平严重不对称等。究其原因很多都是缺少对应用技术中人的因素的研究。

李媛（西安美术学院环境艺术系景观设计教研室主任）

演讲题目：无痕设计——从景观走向真实

李媛 副教授

李媛副教授的演讲主题为“无痕设计——从景观走向真实”。“无痕设计——环境设计人才培养”是李媛副教授的科研团队于 2015 年申请到的一个国家艺术基金艺术人才培养项目。李媛副教授结合这个项目重点从两个方面介绍了无痕设计。李媛副教授谈到，无痕设计是其设计研究团队针对如何从景观回归到真实的一个想法、一个思想的体系或者说一个系统。关于什么是真实，李媛老师从六个部分进行了讲解。无痕设计具体的研究框架分为横向研究和纵向研究，横向研究所指的是要实现课题研究的六大途径，这其中有这两个阶段体系是不可逾越的，第一个体系就是要以系统的生物学作为一个最基底的支撑，事实上课题要先解决生物生命本身存在的物质性的一个问题，这里面包括基因组学、蛋白组学还有代谢组学，在此之上，由个体形成了人的这样的一个社会体系，这里面就介入了一个社会学的问题，这里面包括社会的组成、社会的能量以及资源的再生，那除此还有一个发展模式的为题，那么在这就介入了一个未来学的体系，这里面就要包括传承什么、什么养分以及如何再生，这是横向研究所指；而纵向研究主要包括显性价值和隐性价值，在显性价值上，是经过无痕设计切入之后所得出的这样的一个视觉世界，它在视觉世界的背后有逻辑的关系，这包括行为引导、心理构建、价值构建、资源整合以及生命周期等。关于无痕设计的价值层面，李媛副教授介绍了研究的三个重点部分：

第一个部分，最重要的就是从设计和资源索取上实现一个平衡，这是研究的一个基础，也就是保持自然资源与设计索取的共生。第二个部分，使被占有的资源通过研究体系的调节回归自然并形成新的自然体系，也就是说它会首先形成一个健康的生命的周期，无痕设计的介入使得生物体或生命体形成一个非常健康的生命体系。第三个部分，是改变受众体和设计师的价值逻辑观念，这是非常本质的，无痕设计的介入，是从视觉所观看的造型的一个审美的状态然后转换到从意境审美、情感的层面所实现的这样的一个状态，实现途径主要包括六个板块：

第一个板块是社会群体行为及综合心理障碍在环境设计区域的影响研究，这一块的一个核心的支撑就是物质与精神永恒的这种统合，所有的问题都是人的问题，在这里分析群体和个体它们整个认知的状态，包括社会认知、审美认知、行为认知和公共认知，除此之外，当这些认知的系统最终形成群体认知的偏执和个体认知的受限，那么对环境的需求就会产生无责任感，导致设计行为无尊重感，被动设计等，导致资源的浪费，现代的城市和外部环境，很多的状态都是由于这样的一个逻辑体系得出的结果。第二个板块分析了设计产生浪费潜在的因素，从个体状态和群体状态入手分析了资源的需求，包括功能审美、奢华、情感和价值，在设计切入的时候，使得需求分为两大板块，一个是物质的满足，一个是虚荣心的满足，最后分解成分支，形成为一个从属性的，一个潜在因素，这个就是典型的问题。第三个板块分析了无功设计调解下的受众体需求因素变化的研究，无痕设计的切入会使得观念发生改变、需求发生改变，这里面最重要的如果解析开来，包括认知的健康、审美的健康、公共的健康、价值的回归、理性的回归、情感的回归和自我的回归。再之，群体行为的理性和个体行为的理性，这些都会导致人们对环境的需求会发生一个根本性的改变。这时就会产生需求的合理、心理的健康，公共的价值和人格的完整，最后得到资源释放的目的。第四个板块是无痕设计调节下的释放资源再整合的研究，重点是如何切实地使它得到一个资源再整合，无痕设计的切入会使自然资源、人力资源和社会资源发生一个比较大的转换。这个转换最终会变成一个社会需求，资源的整合，使得恢复生态，回归自然，共生环境，人文环境，自我价值，社会富足和社会博爱，最后使得生命体的和谐和心理意识的和谐，实现在另外一个层面的资源释放。第五个板块是生态资源平衡与自然资源共生的关系的探讨，分析了资源的组成，包括自然资源、人力资源和社会资源，无痕设计产生作用以后，会产生一个适量的原则，价值的重设、本质的审美、心理的健康、自我的认知和情感的呵护，除此之外还会得到环境的调节、需求的调节、趋势的调节、价值的调节和心境的调节，最后实现自然的发展，健康的发展和可持续的发展，最终达到远代共生的目标。第六个板块是无痕设计体系在环境教育中的系统性研究。

王海松（上海大学美术学院、专业负责人）

演讲题目：予取予用

王海松 教授

王海松教授从自身项目出发，讲解了机建学院的精工实习车间改造的思路和过程，主要围绕互动式以及就地取材，尽量不浪费每一种原有材料，真正达到绿色建筑，以至达到每一块钢、每一块钉、每一块废铁灯具，甚至生锈的门都被完好地重新利用起来，同时保留了一个三角形屋架，一个做成了"人"字形屋架，因为屋顶的调整，还特地做了一个阳光屋顶。为了解决 4.65 米分两层，严格控制这个标高是当中 25 公分，下面 2.2 米，上面也是 2.2 米。这 25 公分，20 公分给了主梁，5 公分用于构造，把电线管等管线都埋在了里面。地面做了一个水泥的漆，然后灯全部是嵌在刺梁里，梁上面铺花纹钢板然后走电线，上面做细石混凝土 4 公分，再做面层，灯就直接固定在墙体上面，这些灯所有都看不到电线，电线全在钢板上面，王海松教授还利用废铁改造成了办公桌并申请了专利，为了解决热工问题，王海松教授首创了带包膜的窗帘，做了一个遮光帘，同时遮光帘的背面用手工缝了一层薄膜，从而增加了一个保温层，夏天把帘子放下来，门窗关上便是一个中空玻璃，这样的设计不但美观而且科学、环保，符合绿色设计的理念。王海松教授还介绍了在这个项目中，研究生们还自己动手漆二手桌椅，做办公桌，用混凝土浇台做工作台，在实践中体验了绿色设计的真谛。王海松教授的演讲深入浅出，非常精彩，真正做到了演讲主题所说的予取予用。

邵力民（山东工艺美术学院建筑与景观设计学院院长）

演讲题目：中日环境设计专业教育比较研究

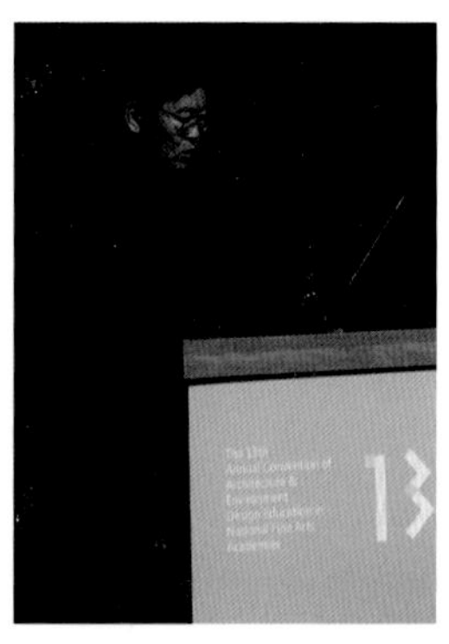
邵力民 教授

邵力民教授演讲主题为"中日环境设计专业教育比较研究"。2012 年教育部颁布了《普通高等学校本科专业目录和专业介绍》一书，书中在设计学类中设置环境设计专业，而国内学术界最早在艺术设计领域提出环境艺术设计的概念是在 20 世纪 80 年代初期。1988 年国家教育委员会决定在我国高等院校设立环境艺术设计专业。

在中国"环境艺术设计"就是指室内外装饰、设计。基本上专业设置都是开展在美术和艺术院校里，专业领域主要强调的是视觉审美上的设计。实际上，环境设计作为一门新兴的专业，是第二次世界大战后在欧美逐渐受到重视的，它是

20 世纪工业与商品经济高度发展中，科学、经济和艺术结合的产物。发展至今对于环境设计包含了与之相关的若干子系统。它集功能、艺术与技术于一体，涉及艺术和科学两大领域的许多专业内容，具有多学科交叉、渗透、融合的特点。新的专业调整有力地推动环境艺术设计与工程技术相结合。从艺术教育与研究领域向环境工程与技术延伸，成为艺术类院校艺术设计专业变化的一个新动向。

2016 年 11 月 6 日上午，中央美术学院建筑学院丁圆教授，天津美术学院环境与建筑艺术学院孙锦，湖北美术学院环境艺术系设计系郭辉，广州美术学院建筑与环境艺术设计学院王铬，上海大学美术学院建筑系宾慧中，鲁迅美术学院环境艺术设计系施济光，四川美术学院郭军，西安美术学院环境艺术系石丽，山东工艺美术学院建筑与景观设计学院吕桂菊等教师代表分别作了发言。

2016 为绿色而设计采访录

吕品晶（中央美术学院建筑学院院长）

记者问：老师我看您曾经写过一篇文章是“要培养艺术家气质的建筑师”。我们学习中经常会被说你们艺术院校的学生理性不够，做的东西太艺术，不实际，您怎么看？

答：各个学校有不同特点，不同学生有不同思维方式，不用全部求同，当然也要正视我们的弱点，在思维审美创作方面能力更强，技术方面承认弱项。

记者问：如何平衡技术和艺术的关系？

答：不能忽视技术课程的学习，只是学习的方向深度内容，艺术院校应该更着重培养艺术意识，概念上要清楚，不是在具体问题的解决上下功夫，但是必须要有技术意识，这是对于你以后创作，合乎结构逻辑，技术逻辑的判断有帮助，否则做出来的东西不合乎逻辑。要加强但不一定按理工科学生要求来做。工地实习很有必要，工地实习很综合，工程师如何解决实际问题，可以获得很多经验，通过这样的实习可以把课堂上的知识运用到实际中。

森傑（北海道大学工学研究建筑都市空间设计部门教授）

记者问：请问森傑老师，您认为东日本大地震震后重建的可持续设计的关键在哪里呢？

答：我们在面临重大自然灾害，需要大规模重建的情况下，不管是在日本还是在中国，我们都会面临的同一个问题就是，因为政府需要高效率的重建，然而这种很快的重建速度，会给原来在这里生活的居民的心理上带来不同程度的影响。这样的短时间的规划，短时间的设计，对于受灾的这些居民来说，不管是从他们的参与程度，还是他们的心理程度上来讲，都是非常难接受的。就拿我刚才介绍的小泉的例子来说，其实在日本还是非常具有首创意义的。因为在日本灾后重建的过程当中，很大程度上都是由政府在短时间内把居民转移到新建的住宅里面去，他们从一个固定的生活环境，突然被迫处在了一个陌生的环境之中。政府的这种快速的重建做法，虽然在短时间内可以完成所谓的灾后重建。但是在社会文化心理方面，因为日本的文化属于“岛国文化”，在文化心理方面有封闭的一面。然而在地震发生之后，这种属性被集中放大，所以这里的部分灾民的心理封闭严重，长期处于消沉之中。总的来说，随着时间的推移，就会出现很多问题，比如说，当时把受灾的居民搬迁，打散之后，他们之间邻里的关系，还有他们身体康复的程度都会出现一些问题。

所以，在灾后重建的过程中，居民的“自救”是非常关键的。我们在建筑设计过程中要真正地了解到居民们的心理需要，将他们也融入到我们的设计工作之中。如果他们的内心没有真正从地震中走出来，那么外部帮助的效果很可能大打折扣。如果这些实现了，那么我们的可持续设计才能真正得以保证。

包清博之（九州大学艺术工学院教授）

记者问：我们这次论坛的主题是为绿色而设计，您是如何理解为绿色而设计的含义的?

答：人的一个成长的空间和周围构成的一些要素，具体的分成两个理由，其一就是讨厌绿色的人很少，好的绿色环境会使人们感到幸福的，不会让人感到厌倦和不好的心理负担。人们的生存是需要一个好的环境，好的环境现在已经不多了，或者是说在减少了。第二是绿色的生命力是在长时间发展的，我们人类的生命力按长的来说是100 年左右，但是建筑还有一个产业是三四十年一个轮回，所以说好的环境会超过我们的生命力，给我们的下一代去继承，是一个可持续的发展的过程，好的环境的可持续发展是对人们最有利的。

程启明（中央美术学院建筑学院副院长）

记者问：建筑创作的危险有哪些？

答：建筑创作的危险相对有两个方面，一是相对于结构设计，二是建筑师过于强调建筑的艺术性。结构设计是一项非常严谨的事情，是建立在科学实验基础上的事情，它往往是隐性的。工程师和建筑师的不同在于，建筑师做的是看得见的东西，面子上的东西，工程师做的是一些看不见的东西，比如柱子里配了几根钢筋等。这是一种危险，是相对于结构来讲，好像是建筑师做设计时不存在危险性的。另一种危险是大家把建筑归为艺术，一归为艺术，艺术也有危险性。建筑师所做的空间对人有强迫性，有强迫性就有危险，低劣的建筑设计会让人产生厌恶。因此，避免建筑创作中出现危险，要认识建筑的本质，建筑艺术创作一定要历经从具象—抽象—具象的过程，才能将建筑创作做好。

马克辛（鲁迅美术学院环境艺术设计系主任）

记者：学生在进行创作时应该如何保持原创性，避免变成对其他作品的模仿？

答：真正的艺术家有没有发展的前景，有没有它的延展性，有没有后续发展的巨大的潜力。第一，靠积累。这里的积累是你看的东西多。比如，你家里有钱，而且你还有个习惯，你的钱不是用来买奢侈品，而是用这些钱旅游。去各大博物馆看。如果是从学艺术的角度，你世界各大博物馆都看了（原著），你对每一个作品的历史背景都了解的情况下，你对世界艺术史和对艺术视觉的认识就比没看的那些人，或者只在书本里看别人品评的时候是绝对不一样的，所以人的经历、积累是很重要的。就像一个小孩子很早就知道读历史的东西，就知道国际视野，就知道各大博物馆去看，而且有系统地、整体地去看，去看历史变迁的过程，看历史变迁过程中哪一个是典型的人物，他知道了什么有影响，特别是跨行业的时候，比如说哲学、科技、视觉、舞蹈对他人的影响。这时候你对史料的理解、学习就植入到骨子里了，你的学习方法框架就形成了，这个形成对你学习的效率提高和成长是非常必要的。现在，很多学生没有建立学习框架，学习是盲目的、效率低的，就像熊瞎子掰玉米，掰一棒认为当时有用，考试了，因为每年都有不同的考试，你要不断地去迎合各种考试，考试是及格了，但是忘得也快，因为它没穿插在你学习的整个体系中，这时候就需要每个人在学习的过程中要边学、边积累、边成体系，然后高效率地学习，通过学习的积累你才有问题的提出，才有观察、发现问题的能力，才有操作、解决问题的方法。如果不是这样的话，你就没有创造力。因为你没有积累就没有办法去发现问题，特别是发现本质问题的能力，可能发现的全是表面的问题，创造力从这而来。

张月（清华大学美术学院环境设计系教授）

记者问：对于现在学习设计的学生，您对他们在未来设计学习过程中有什么建议呢？

答：我觉得现在的学生学习设计并不能只是去注重纯粹的技能技法的技术学习。

设计对现在社会的发展来说是很重要的，因为在设计成果成型之后，不论是设施还是空间，它的使用必然是会持续一段时间，那么在这样一个持续的时间段内，设计的成果会不断地对周围的环境、人、社会产生一定的影响力，假设你所设计的成果带来的后续使用影响力是一种负面的，那么也会对社会产生一个负面的影响。简单来说今天我自己犯了一个错误它影响的仅仅是我个人，但如果是你设计出来的作品它所影响的人数是庞大的，两者所产生的结果是截然不同的，所以说现在的设计师如果没有一个清晰正确设计观的话，那么对整个社会的影响面是巨大的。从未来设计师的培养来讲，学生应该在学习专业技术方面之外还要对人文、人文关怀、人文价值观、环境价值观进行了解和学习。这样做的目的主要是让学生们在做任何事之前有一定的判断力，知道该不该做、该如何去做，这对社会发展来讲是一个正面的、积极向上的推动力。

袁柳军（中国美术学院建筑艺术学院副教授）

记者：中国画对于将来的中国发展绿色建筑或对于未来的中国建筑有什么启示？

答：我觉得中国画的话，对于中国人来说它是一个文人占七分，工匠占三分这样的关系，但是对于文人来说的话，它首先是一个画家再是一个诗人和书法家，它是一种非常混合的一种关系，我觉得真正要发展中国未来建筑的话，首先要强调中国画的传统，接下去才能找到中国人自己的特色，因为我们可以看到现在的很多建筑的景观，很多都是对西方装饰的照抄，可能抄的程度有大有小，但它缺少自己的语言和结构，我们的山水画提供了一个途径，造园它其实是同样的一种思考途径但表现方式不一样，一种是物质性的，研究山水画，可以看到传统思考的一种方法，这种方法可以影响未来整个区域的创作，这个就是传统中国画一个重要的地方，因为我们现在很大的问题就是，以西方式的关系，从形式入手去解读我们的园林，把它变成一个图形或者造型。

其实像西方的画，比如蒙德里安的画它是很精确的，讲究它的精确性，每根线条是不能动的。这也是我们现在西方建筑在做的，但中国园林它是一种关系，就像书法一样，这个点在这里，另外一个点会形成呼应，每个点的呼应很重要，就像亭子一样它不一定是 45 度或者 30 度，他强调的是大关系之间的一种协调，我觉得对于学习这种训练，能够更加传承我们自己的民族特色，但它没有直接的联系，包括对园林来说也没有直接的关系，我们不是说一定要造一个当代的园林出来或者再造一个传统的园林，而是要把东方人造园的思考方式能够延续到我们未来自己的设计中去，这样我们在做设计的时候不再是简单的搬运，我们可以建立起自己的结构。

记者：中国画的发展趋势是什么，有没有可能与西方绘画相结合呢？

答：一直在结合，只是这两个哲学背景是不一样的，我们现代国画一直强调东西结合，包括徐悲鸿以前也是这么做的，但这两个东西结合蛮难的，具体在绘画层面都是很难的，在建筑层面也是一个很复杂的问题。

记者：现在我们的建筑有一种强硬的揉和西方的建筑的趋势，导致我们的建筑四不像，对于这个现象您怎样看呢?

答：建筑有些已经不是那么明显了，但就像绘画它的文雅的东西已经慢慢消失被程序化的东西所替代，已经慢慢变得没有趣味性了，建筑方面那就更强了，建筑现在的问题不在于东西方的结合，而是在于中国人对于传统的认识没有找到一种方法，在某些方面来说是很混乱的，没有一个对应的管道，它可以有西方的也可以有现代的，但从西方来看，它们的很多设计和极简主义是一脉相承的，但是我们中国人对于极简主义的理解永远都没有这个语境的。毕竟两边的哲学背景不一样，始终对于西方的设计理解是差一口气的，就像我们在看一个山水的时候，和西方的理解都是不一样的，比如我们看一个石头，它是活的，它在飞在飘，充满灵动性，会作为一种感情上的投射，但西方人会把它程式化，很稳固，追求一个绝对的真理，精确于一个特定的角度。所以当我们用造型的精确性理解园林的时候，就会把它变成一个局部碎片。我们现在看到的东西是切片式的、拼贴式的。我们现在最大的一个问题就是运用西方式的教学方法，但是我们中国想要完全地发展传统的中国画的模式的话，必须采用以前私塾的方式，但这也是不可能的，所以怎样用西方的教学方式好好保护我们自己的思考方式，我认为是需要一直不断在探索的一个问题。

王海松（上海大学美术学院教授）

记者问：您的学术主张是可持续营建技艺，您是从设计手法的艺术特点，技术应用的形态合理性，社会意义、文化含义方面的影响这三个方面来研究的，您是怎么在作品中权衡它们的关系的?

答：我觉得谈到可持续、谈到绿色会走入一定的误区，一谈绿色就是谈技术、一些高大上的设备、技术，比方说太阳能或者是一些节能的技术、产品，我觉得这个也对，但有时候可持续的思想和理念更重要。包括古代我们没有绿色的可持续的技术，但是已经有了绿色的建筑，我觉得这是值得我们学习的，跟自然的互动、跟自然的协调关系，另外我觉得可持续和绿色不仅仅是建筑指标的问题，有时候它是一种文化的延续，一种地域精神的保护与延续，所以谈到可持续，谈到绿色我觉得必须要有技术的支持。

要有理念、哲学观，同时还要兼顾文化。

记者：您的意思是主要还是文化方面占主导，技术和设计手法是服务于文化的么？

答：我们不应迷失在技术里面，技术是在不断的进步当中的，但除了技术以外我们还要非常坚定地坚持自己的文化，坚守老祖宗给我们的一些理念、一些好的哲学。

记者：刚才我认真听了您的演讲，您是拿自己改造的一个工作室作为例子讲的，我看现在元素很多，我想问的就是您是如何在其中体现中国传统文化的？

答：我觉得看上去是现代或传统并不意味着就是运用了传统或是现代元素，形式真的是形而下的，我觉得是真正地理解了传统的精髓，真正地用上去才是对传统的最大继承。你看到我这个作品的自然通风、原来材料的再次利用，我就是尽可能地少拿掉原本的东西，所有的东西我看上去都能用，然后我把它用上去，让它重新焕发生命力，这是最大的可持续，就是少扔垃圾。

记者：原本生命的再延续，可以这么理解吗？

答：是的，一种很平凡的搭配会给它一种全新的生命，设计师的价值就在这里。

李媛（西安美术学院环境艺术系副教授）

记者：很多学者认为"无痕"设计只是一种理想状态，既要注重人文设计理念，又要遵循客体环境规律，还要保护民俗，追求可持续发展，需要考虑的因素太多，如果要实现的话是困难重重的，关于这一点您怎么看？

答："无痕"设计是一种理想状态，所有的理论，以及我们做的设计，这些都是一种理想的状态，库哈斯曾说，"一个设计师的身上都有一个关于乌托邦的遗传基因"。学术本来就是探讨未来的一个问题，绝对不是纯粹探讨当下的。无痕设计事实上是希望从一个价值观到另外一个价值观，这个价值观最后的落地，是设计与自然资源的平衡，它背后的逻辑就是说我们所有的问题都是人的问题，如果不从根本上去转变人的意识、心理、认识的问题的话，那么人作为一个工具的操纵者、一个技术的掌握者，必然在设计中产生一种负面的基因。所以我们希望无痕设计这个体系的作用是从根本的源头解决问题，最后实现远代共生。

记者：不知您和孙明春教授之间有没有更多的关于"无痕"设计的探讨？不知您对他提出的"小无痕而大有痕"的理念有什么样的看法？

答：孙明春是我本科期间的老师，后来又是同事，所以关于无痕设计，几乎是无时无地都在探讨这件事。他提出的“小无痕而大有痕”的理念是这样的，小无痕是说在设计上做的看似是无痕，但事实上，这种观念和行为在看不到的非物质的状态是一个大有痕，因为通过不断地努力使得它无痕，这和物理学里“熵”的原理是一样的，物质世界是一个不断衰败的过程，我们为了让它维持原状，就要做到“小无痕而大有痕”，而这个有痕是不可见的。

记者：关于“无痕设计”的推广应用，您觉得我们设计艺术高校在学生教育方面应该做些什么呢?

答：无痕设计，不仅仅是我们设计艺术院校的学生该了解的状况，更多地应该是我们整个的设计界，我们设计艺术的院校在注重本身的关于艺术这一块的的同时，希望在无痕设计的介入和作用下能够引起这方面的一个学术的警惕，一个设计的警惕，我们并不是说无痕设计就是要消解掉设计艺术，最终的一个观念就是如何能够找到一个平衡点，就是一个适度的平衡点，这是根本的一个原则，这个无痕并不是说没有，而是说你在一个什么样的状况下能够达到最佳。